ヤジマの数学道場

動画配信はじめました！

チャンネル登録お願いします！

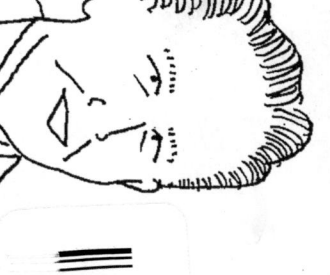

SCAN HERE

▶ / 昇龍堂チャンネル

Aクラスブックス

中学 数学文章題

問題の解き方・式のつくり方

桐朋中・高校元教諭
藤田 郁夫 著

昇龍堂出版

まえがき

　中学入試や高校入試においては，長い文章を読み，その意味を理解してからさまざまな問いに答える代数的な問題，いわゆる「文章題」がよく出題されますが，どちらかというとこの「文章題」を苦手とする受験生が多いようです。中学入試においては，その解法が多岐にわたり，それらをすべておぼえるのが大変なことに苦手の原因があるようですが，高校入試においては，文章が一層長くなってその意味を理解しにくくなり，問題を解くための式をつくるのがさらに難しくなったことに原因があるように思われます。

　本書は，高校受験を目指す生徒や高校入学後に中学の復習をしたい生徒を主な対象として，生徒が苦手とする「文章題」について，その文章の読み方から式のつくり方・解き方までをできるだけていねいに，わかりやすく解説したものです。

　とくに，最近の高校入試問題を分析し，よく出題される典型的な問題を精選した上で，証明などに必要な文字式や問題を解くのに必要な方程式など，式のつくり方をわかりやすく説明することに重点をおいて書きました。合わせて，グラフを利用して解く関数的な内容を中心とした問題や，代数と幾何の融合した応用問題などももれなく選び，解説を加えています。

　中には，中学では学ばないような内容や，高校で習う公式を使うような高度な問題もありますが，早くから実践的な空気に触れるために，あえて難しい問題もとりあげています。

　また，目次を見るとわかるように，本書では単元別ではなく問題の内容別に分類してあります。それぞれの項ごとに，はじめにその項の問題を解くためによく使われる公式や考え方を簡単に紹介した後で，代表的な問題を例題としてとりあげ，ていねいな解説や解答を加えることにより，それぞれの内容に応じて問題を解くための式をつくりやすいように構成してあります。

　本書の特徴を活かし，積極的に活用することによって，苦手な「文章題」を克服することを期待しています。

著　者

本書の構成

　本書は，単元別ではなく，問題の内容別に以下の4つの章，25の項で構成されています。

　1章は自然数や整数に関する問題で5項，2章は品物の個数や代金，人数など数えられる数量（離散的な数量）に関する問題で9項，3章は図形の長さや面積，食塩水の濃度，速さと時間のようなつながった数量（連続的な数量）に関する問題で7項，そして4章は総合問題（代数と幾何の融合問題を含む）で4項から成っています。

　各項は，次のような順序で書かれています。

1. 各項のはじめには，その項の問題を解くためによく使われる公式や考え方を簡単に紹介しています。

2. 各項ごとに代表的な問題を 例題 としてとりあげています。例題には，「文字式の利用」や「連立方程式の応用」など，学習項目のわかる見出しをつけてあります。

3. 例題には，できるだけていねいな 解説 と 解答 をつけてあります。また，問題を解く上で注意したい点には 気をつけよう！，参考となることがらには 参考 などをつけ加えてあります。

4. とくに重要な考え方や解き方などについては， ポイント として強調してあります。

5. 例題の後には，その類題や，その項の代表的な問題などを 演習問題 としてのせてあります。

6. それぞれの項の中では，できるだけ学校で学習する順序にしたがって，問題を並べてあります。

7. 例題や演習問題の中で，難しい問題や中学の範囲外の問題には★を，中学の範囲外でとくに難しい発展的な問題には★★をつけてあります。

8. 演習問題の 解答 は別冊となっています。別冊の解答では，問題を解くための式のつくり方に重点をおき，文字式の途中の計算や方程式の解き方などは基本的に省略してあります。

9. 項の最後に余裕があるときは，数学のおもしろいエピソードや数学者に関する逸話など，気軽に読める内容を コラム として紹介しています。

●●●●●●●●●●● 本書の使い方 ●●●●●●●●●●●

　本書を使うにあたっては，以下のような点に留意して，使う人の目的やその学力などに応じてできるだけ有効に活用してください。

1. 本書は単元別ではなく問題の内容別に分類してあります。「個数と代金・重さ」など解きやすい問題から解く，または「食塩水の濃度」や「速さと時間」など苦手な問題だけを選んでくり返し解くなど，さまざまな使い方ができるようになっています。

2. それぞれの項の中では，できるだけ学校で学習する順序にしたがって問題を並べてあります。例題には，「文字式の利用」や「連立方程式の応用」など，学習項目のわかる見出しをつけてあります。すでに習った問題だけを選んで解く，または解説を読んでまだ習っていない問題に思い切って挑戦するなど，さまざまな使い方ができるようになっています。

3. 難しい問題や中学の範囲外の問題には★や★★がつけられています。最初はとばして他の問題から解く，またはあえて難しい問題に積極的に挑戦するなど，さまざまな使い方ができるようになっています。

4. 本書は，問題を解くための式のつくり方に重点をおいています。証明などの問題を除いて，解答では文字式の途中の計算や方程式の解き方などは基本的に省略してあります。

5. 数学の力をつけるためには，問題をしっかり読み，自分の頭で考え，自分の手を動かしてていねいに解く，このくり返しが何より大切です。問題を解くにあたって，すぐに解説や解答を読まないで，まず自分で式をつくり，問題を解く努力をしてください。方程式をつくり問題を解く一般的な手順は，次の通りです。
   ① 問題の中の未知の数量を x や y などの文字で表す。
   ② 問題に含まれる条件や関係を等式（方程式）で表す。問題によっては，図をかいたりグラフで表すと，数量の間の関係がわかりやすくなる。
   ③ その方程式を解く。
   ④ 解いて得られた解が問題の意味に合うかどうかを調べ，適する解から最終的な答えを出す。なお，この本の解答では，「問題に適する」などの一文は基本的に省略しています。

目次

1章 自然数や整数に関する問題 ……………………………… 1
1 自然数の各位の数と倍数の見分け方 …………………… 1
- 2けたの自然数と3けたの自然数の表し方
- 倍数の見分け方

2 連続する整数とその和 ……………………………………… 5
- 連続する3つの整数や連続する3つの偶数（奇数）
- 連続する n 個の整数の和

3 自然数の性質の証明 ………………………………………… 9
- 偶数と奇数の表し方

4 いろいろな演算 ……………………………………………… 12
- 自然数の除法
- 新しい演算記号

5 規則的に並んだ数 …………………………………………… 16
- 規則的に並んだ数

2章 離散的な数量に関する問題 ……………………………… 22
1 個数と代金・重さ …………………………………………… 22
- 個数と代金(1)
- 個数と代金(2)

2 分配と比 ……………………………………………………… 26
- グループ分け
- 比例式の性質

3 過不足算 ……………………………………………………… 30
- 過不足算

4 植木算・のりしろ算・年齢算 ……………………………… 32
- 植木算

5 ゲーム・遊び ………………………………………………… 35
- ゲーム・遊び

6 平均・中央値 ………………………………………………… 38
- 平均
- 中央値

- 7 割引きと利益・利息 ································ 41
  - ● 定価と利益
  - ● 利息
- 8 人や品物の増減 ···································· 44
  - ● 人や品物の増減
- 9 使用料金・運賃 ···································· 46
  - ● 使用料金・運賃

3章　連続的な数量に関する問題 ················ 51
- 1 面積・体積・容積 ································ 51
  - ● 長方形の分割
- 2 食塩水の濃度 ···································· 53
  - ● 食塩水の濃度
- 3 速さと時間(1) ···································· 57
  - ● 速さ・時間・道のり
  - ● 追い着く時間・出会う時間
- 4 速さと時間(2) ···································· 62
  - ● 直線の式
- 5 速さと時間(3) ···································· 68
  - ● 行列に並ぶ人の増減
  - ● 給水と排水
- 6 四角形の周上を動く点と図形の面積 ·············· 75
  - ● 四角形の周上を動く点と図形の面積
- 7 円周上を動く点と図形の面積・時計算 ············ 80
  - ● 扇形の弧の長さと面積
  - ● 時計算

4章　総合問題 ……………………………………… 85
1　自然数についての問題 …………………………… 85
- 自然数についての問題
2　数の規則性についての問題 ……………………… 87
- 数の規則性についての問題
3　代数と幾何との融合問題 ………………………… 90
- 三平方の定理（ピタゴラスの定理）
- 平行線と比・面積と比
4　関数についての問題 ……………………………… 94
- 関数についての問題

[コラム]　素数の不思議 ……………………………………… 4
　　　　　合成数と完全数 …………………………………… 11
　　　　　フィボナッチ数列の不思議 ……………………… 21
　　　　　小学生の過不足算は難しい？ …………………… 31
　　　　　和算の巨人，関孝和ってどんな人？ …………… 37
　　　　　歴史上の三大数学者は誰？ ……………………… 40
　　　　　アルキメデスはローマ軍と戦った？ …………… 50
　　　　　ニュートン算の語源は何？ ……………………… 74
　　　　　黄金比は美しい ……………………………………100

別冊　解答編

1章 自然数や整数に関する問題

1 自然数の各位の数と倍数の見分け方

1，2，3，…… のような正の整数を **自然数** という。自然数の各位の数を入れかえたり，移動したりする問題では，各位の数を文字でおいて，その自然数を文字を使って表して考える。

また，倍数に関する問題では，主な整数の倍数の見分け方をおぼえておくと便利である。

● 2けたの自然数と3けたの自然数の表し方

十の位の数が a，一の位の数が b である2けたの自然数は，ab ではなく，

$$10a+b$$

と表す。

百の位の数が a，十の位の数が b，一の位の数が c である3けたの自然数は，abc ではなく，

$$100a+10b+c$$

と表す。

注意 とくにことわらない限り，ab は $a \times b$，abc は $a \times b \times c$ を表す式で，2けたの自然数や3けたの自然数を表す式ではない。

● 倍数の見分け方

2の倍数（偶数），3の倍数，4の倍数，5の倍数，8の倍数，9の倍数の見分け方は次の通りである。

2の倍数 …… 一の位の数が2の倍数	（例）	340, 5306
3の倍数 …… 各位の数の和が3の倍数	（例）	255, 7062
4の倍数 …… 下2けたの数が4の倍数	（例）	324, 9500
5の倍数 …… 一の位の数が0か5	（例）	460, 4285
8の倍数 …… 下3けたの数が8の倍数	（例）	1256, 47704
9の倍数 …… 各位の数の和が9の倍数	（例）	7326, 90765

例題1 連立方程式の応用，1次不等式

百の位の数，十の位の数，一の位の数の和が16である3けたの自然数がある。
(1) この3けたの自然数の十の位の数を5とする。この自然数の百の位の数と一の位の数を入れかえると，もとの数より297大きくなる。もとの自然数を求めよ。
(2) この3けたの自然数の百の位の数，十の位の数，一の位の数をそれぞれ a，b，c とする。この自然数が偶数であるとき，$a \leq b \leq c$ となるようなものは何個あるか。

[解説] (1) もとの自然数の百の位の数を x，一の位の数を y とすると，もとの自然数は $100x+50+y$ と表される。

(2) $a \leq b \leq c$ のとき，$3a \leq a+b+c \leq 3c$ である。$a+b+c=16$ であることと c が偶数であることから，まず c を定める。

[解答] (1) もとの自然数の百の位の数を x，一の位の数を y とすると，
$$\begin{cases} x+5+y=16 \\ 100y+50+x=100x+50+y+297 \end{cases}$$
よって，$\begin{cases} x+y=11 \\ -x+y=3 \end{cases}$

これを解くと，$x=4$，$y=7$

ゆえに，もとの自然数は，457

(答) 457

(2) $a \leq b \leq c$ ……① より，$a+b+c \leq 3c$
また，$a+b+c=16$ ……② $16 \leq 3c$ より，$6 \leq c \leq 9$
c は偶数であるから，$c=6, 8$ ……③
③を②に代入すると，$c=6$ のとき，$a+b=10$
$c=8$ のとき，$a+b=8$
①を満たす a, b, c の組 (a, b, c) をすべて求めると，
$(a, b, c) = (4, 6, 6), (5, 5, 6), (1, 7, 8), (2, 6, 8),$
$(3, 5, 8), (4, 4, 8)$

(答) 6個

演習問題

1 千の位の数が3である4けたの正の整数がある。千の位の数を一の位に移動し，残りの位の数をそのまま1けたずつ左にずらしてできる数は，もとの数の2倍より35大きくなる。もとの4けたの正の整数を求めよ。

2 十の位の数が2である3けたの自然数がある。百の位の数と一の位の数の和は11で，百の位の数と一の位の数を入れかえた数は，もとの数より297小さい。もとの自然数を求めよ。

3 ★ 百の位の数が一の位の数より大きい3けたの自然数がある。はじめに，百の位の数と一の位の数を入れかえた数を考える。たとえば，340の場合，入れかえると043になる。ただし，043は43と考える。つぎに，もとの数から入れかえた数を引いた差を P とする。

もとの自然数の百の位の数を a，十の位の数を b，一の位の数を c とするとき，次の問いに答えよ。
(1) P の一の位の数を a と c を用いて表せ。
(2) P の十の位の数を求めよ。
(3) P の各位の数の和が18になることを示せ。

例題2　文字式の利用

3けたの正の整数から，その数の各位の数の和を引くと，9の倍数になる。3けたの正の整数の百の位の数を a，十の位の数を b，一の位の数を c として，このことを証明せよ。

解説 3けたの正の整数の百の位の数を a，十の位の数を b，一の位の数を c として，$(100a+10b+c)-(a+b+c)$ が9の倍数になることを示す。

証明 3けたの正の整数の百の位の数を a，十の位の数を b，一の位の数を c とすると，この整数は $100a+10b+c$ と表される。
この整数からその数の各位の数の和を引くと，
$$(100a+10b+c)-(a+b+c)=99a+9b$$
$$=9(11a+b)$$
$11a+b$ は整数であるから，$9(11a+b)$ は9の倍数である。
ゆえに，3けたの正の整数から，その数の各位の数の和を引くと，9の倍数になる。

参考 上の証明から，$100a+10b+c=9(11a+b)+(a+b+c)$
$a+b+c$ が9の倍数のとき，$a+b+c=9k$ （k は整数）とおくと，
$$100a+10b+c=9(11a+b)+9k=9(11a+b+k)$$
$11a+b+k$ は整数であるから，$9(11a+b+k)$ は9の倍数である。
よって，$a+b+c$ が9の倍数のとき，$100a+10b+c$ も9の倍数となる。
したがって，3けたの正の整数（自然数）が9の倍数であるかどうかを見分けるには，その数の各位の数の和が9の倍数であるかどうかを調べればよいことがわかる（→p.1）。

このことは，3けたの正の整数に限らず，すべての正の整数で成り立つ。3の倍数の見分け方についても同様である。

演習問題

4 1204, 3716, 5580, 9300 のように下 2 けたの数 04, 16, 80, 00 が 4 の倍数である 4 けたの自然数は，4 で割り切れるので 4 の倍数といえる。すなわち，4 けたの自然数が 4 の倍数であるかどうかを見分けるには，下 2 けたの数が 4 の倍数であるかどうかを調べればよい。

(1) 千の位の数を a，百の位の数を b，十の位の数を c，一の位の数を d として，このことが成り立つことを示せ。

(2) 1100 以下の 4 けたの自然数のうち，4 の倍数は全部で何個あるか。

5 4 けたの自然数で，百の位の数が 3，十の位の数が 7 であるような 3 の倍数がある。この自然数の千の位の数と一の位の数を入れかえると，4 けたの自然数で 15 の倍数になる。もとの 4 けたの自然数をすべて求めよ。

コラム　素数の不思議

2, 3, 5, 7, …… のように，1 より大きい自然数で，1 とその数自身以外に約数をもたない数を**素数**といいます。素数は昔から数学者の興味をひく数で，多くの数学者たちが「素数の不思議」に挑戦しています。

素数が無限にあることは古代ギリシャ時代から知られていて，有名なユークリッド（紀元前 300 ごろ）の『原論』にも，その証明が載っています。

5 以上のある自然数 m が素数であるかどうかを判定する方法としては，「m が $2 \leqq p \leqq \sqrt{m}$ を満たすすべての素数 p で割り切れなければ，m は素数である」とする方法があります。たとえば，127 は $2 \leqq p \leqq \sqrt{127}$ を満たす素数 $p = 2, 3, 5, 7, 11$ のどれでも割り切れないから，127 は素数です。有名な「エラトステネスの篩」は，この原理を応用した素数の見つけ方です。

また，素数の形としては，q が素数のとき，$M_q = 2^q - 1$ で表されるメルセンヌ数が有名ですが，メルセンヌ数がすべて素数になるわけではありません。実際，$q = 2, 3, 5, 7$ のとき，$M_2 = 3$, $M_3 = 7$, $M_5 = 31$, $M_7 = 127$ は素数ですが，$q = 11$ のとき，$M_{11} = 2047 = 23 \times 89$ は素数ではありません。最近では，メルセンヌ数についての効率のよい判定法が考案され，コンピュータを用いて非常に大きな素数が発見されています。

2 連続する整数とその和

連続する整数についての問題では，連続する整数のうち最も小さい数や真ん中の数を n として，次のように文字で表して考える。

また，連続する整数の和を求める問題では，次の公式が使われる。

● 連続する3つの整数や連続する3つの偶数（奇数）

連続する3つの整数は，次のように表すことができる。

　　　最も小さい数を n とすると，　$n,\ n+1,\ n+2$

　　　真ん中の数を n とすると，　$n-1,\ n,\ n+1$

また，連続する3つの偶数や奇数は，次のように表すことができる。

　　　最も小さい数を n とすると，　$n,\ n+2,\ n+4$

　　　真ん中の数を n とすると，　$n-2,\ n,\ n+2$

参考　その他の連続する整数についても，同様に表すことができる。

　　たとえば，連続する4つの整数は，　　$n,\ n+1,\ n+2,\ n+3$
　　　　　　　連続する4つの偶数や奇数は，$n,\ n+2,\ n+4,\ n+6$

と表される。

● 連続する n 個の整数の和

最も小さい数が a，最も大きい数が ℓ である連続する n 個の整数

$$a,\ a+1,\ a+2,\ \cdots\cdots,\ \ell-2,\ \ell-1,\ \ell$$

の和を S とすると，

$$S = \frac{n(a+\ell)}{2} \quad (\text{ただし，}\ n=\ell-a+1)$$

となる。

とくに，$a=1,\ \ell=n$ のとき，

$$S = 1+2+3+\cdots\cdots+n = \frac{n(n+1)}{2}$$

となる。

例題3　文字式の利用

連続する3つの自然数の和をx，積をyとするとき，次の問いに答えよ。
(1)　x はつねに3の倍数となることを示せ。
(2)　10の倍数となるyのうち，小さい方から17番目の数を求めよ。

解説　連続する3つの自然数の真ん中の数をnとすると，
$$x=(n-1)+n+(n+1), \quad y=(n-1)n(n+1)$$
と表される。

解答　(1)　連続する3つの自然数の真ん中の数をnとすると，3つの自然数は $n-1$, n, $n+1$ と表されるから，
$$x=(n-1)+n+(n+1)=3n$$
nは整数であるから，$3n$は3の倍数である。
ゆえに，xはつねに3の倍数となる。

(2)　(1)と同様に，連続する3つの自然数の真ん中の数をnとすると，
$$y=(n-1)n(n+1)=n^3-n$$
$n-1$, n, $n+1$ のうち少なくとも1つは2の倍数であるから，どれか1つが5の倍数であるとき，yは10の倍数となる。
よって，yが10の倍数となるようなnを小さい方から順にあげると，
$$n=4,\ 5,\ 6,\ 9,\ 10,\ 11,\ 14,\ 15,\ 16,\ \cdots\cdots$$
となる。
$(4,\ 5,\ 6)$, $(9,\ 10,\ 11)$, $(14,\ 15,\ 16)$, ……のように3つずつ区切っていくと，その真ん中の数は 5, 10, 15, ……のように5の倍数が小さい方から順に出てくる。
よって，小さい方から17番目のnは，3つずつ区切ったときの6番目 $(29,\ 30,\ 31)$ の真ん中の数 30 である。
$n=30$ のとき，$y=30^3-30=27000-30=26970$

（答）　26970

注意　最も小さい数をnとして，連続する3つの自然数を n, $n+1$, $n+2$ としても解けるが，真ん中の数をnとする方が計算が簡単である。

演習問題

6　連続する5つの整数の和が555になるとき，この5つの整数を求めよ。

7　連続する4つの正の奇数 a, b, c, d（$a<b<c<d$）がある。bとcの和の平方は，dの平方からaの平方を引いた差の6倍より160大きい。このとき，aを求めよ。

> **例題4★　1次方程式の応用**
> 連続する31個の正の整数がある。その最小の整数を a とするとき，次の問いに答えよ。
> (1) 奇数の和を S，偶数の和を T とする。$S-T=32$ となるとき，a を求めよ。
> (2) a を3の倍数とする。3の倍数でない整数の和を U，3の倍数の和を V とするとき，$U-V=324$ となった。このとき，a を求めよ。

解説　(1) 連続する31個の正の整数は，その最小の整数を a とすると，a, $a+1$, $a+2$, ……, $a+30$ と表される。$S-T>0$ より，$S>T$ であるから，a は奇数である。

(2) a が3の倍数のとき，$V=a+(a+3)+(a+6)+……+(a+30)$ である。
　まず，$U+V=a+(a+1)+(a+2)+……+(a+30)$ を求める。

解答　(1) 連続する31個の正の整数は，その最小の整数を a とすると，a, $a+1$, $a+2$, ……, $a+30$ と表される。$S-T>0$ より，$S>T$ であるから，a は奇数である。
　よって，$S=a+(a+2)+(a+4)+……+(a+28)+(a+30)$ ………①
　また，　$T=\ \ \ \ (a+1)+(a+3)+……+(a+27)+(a+29)$ ………②
　①－② より，$S-T=a+(1+1+……+1+1)=a+15$
　$S-T=32$ であるから，$a+15=32$
　ゆえに，$a=17$　　17 は奇数であるから，題意を満たす。　　(答) $a=17$

(2) $U+V=W$ とすると，
$$W=\ \ \ \ a\ \ \ \ +(a+1)+(a+2)+……+(a+29)+(a+30)　…③$$
　また，　$W=(a+30)+(a+29)+(a+28)+……+(a+1)+\ \ \ \ a\ \ \ \ …④$
　③＋④ より，
$$2W=(2a+30)+(2a+30)+(2a+30)+……+(2a+30)+(2a+30)$$
$$=(2a+30)\times 31=62(a+15)$$
　よって，$W=31(a+15)$　………⑤
　また，a は3の倍数であるから，
$$V=a+(a+3)+(a+6)+……+(a+27)+(a+30)$$
　W と同じように計算すると，
$$2V=\{a+(a+30)\}\times 11=22(a+15)$$
　よって，$V=11(a+15)$　………⑥
　⑤，⑥より，$U=W-V=31(a+15)-11(a+15)=20(a+15)$
　よって，$U-V=20(a+15)-11(a+15)=9(a+15)$
　$U-V=324$ より，$9(a+15)=324$　　$a+15=36$
　ゆえに，$a=21$　　21 は3の倍数であるから，題意を満たす。
　　　　　　　　　　　　　　　　　　　　　　　　(答) $a=21$

参考 この項のはじめに，連続する n 個の整数の和を求める公式を紹介した（→p.5）。
(2)では，最初からこの公式を使って，
$$W = a + (a+1) + (a+2) + \cdots\cdots + (a+29) + (a+30)$$
$$= \frac{31\{a + (a+30)\}}{2}$$
$$= 31(a+15)$$
のように求めることができる。しかし，ここでは，この公式の導き方を示すために，あえて前ページの解答のようにした。
このように計算することで，連続する n 個の整数の和を求める公式が得られる。

演習問題

8 正方形のタイルに，順に 1，2，3，…… と番号をつけたものを，右の図のように一定の規則にしたがって，1番目，2番目，3番目と並べていく。
このとき，次の □ に適する数または式を書け。

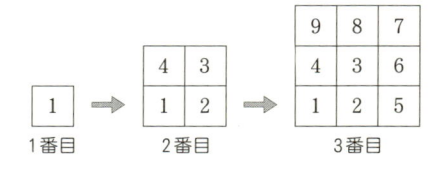

> この規則で並べていくと，3番目に加えるタイルの数は 5 個で，4 番目に加えるタイルの数は □(ア)□ 個となる。したがって，n 番目に加えるタイルの数は □(イ)□ 個となる。また，n 番目のタイルの総数は □(ウ)□ 個であるから，
> $$1 + 3 + 5 + \cdots\cdots + \boxed{(イ)} = \boxed{(ウ)}$$
> が成り立つ。

9 ** 1155 を連続する正の整数の和として表すことを考える。たとえば，連続する 5 個の正の整数の和として表すと，$1155 = 229 + 230 + 231 + 232 + 233$ である。
(1) 1155 を連続する 7 個の正の整数の和として表すとき，7 個のうちの真ん中の数を求めよ。
(2) 1155 を連続する 10 個の正の整数の和として表すとき，10 個のうちの最大の数と最小の数の和を求めよ。
(3) 1155 は最大で何個の連続する正の整数の和として表すことができるか。

3 自然数の性質の証明

自然数のさまざまな性質を証明する問題では，与えられた自然数を整数 m や n を使った式で表して考える。

● 偶数と奇数の表し方

正の偶数と正の奇数は，次のように表すことができる。

正の偶数は，　**$2m$（m は自然数）**

正の奇数は，　**$2m-1$（m は自然数）　または　$2m+1$（m は 0 以上の整数）**

参考　偶数や奇数以外にも，余りが与えられた自然数を文字を使って表すことがある。たとえば，6 で割ったとき 3 余る自然数は $6n+3$（n は 0 以上の整数）と表される。

例題 5　文字式の利用

次の問いに答えよ。
(1) 6 で割ったとき 2 余る正の整数と，6 で割ったとき 3 余る正の整数との積は，つねに 6 の倍数であることを証明せよ。
(2) a で割ったとき 4 余る正の整数と，a で割ったとき 6 余る正の整数との積は，つねに a の倍数である。このことが成り立つような正の整数 a をすべて求めよ。

解説　(1) m, n を 0 以上の整数として，6 で割ったとき 2 余る正の整数を $6m+2$, 6 で割ったとき 3 余る正の整数を $6n+3$ と表して計算する。

(2) m, n を 0 以上の整数として，a で割ったとき 4 余る正の整数を $am+4$, a で割ったとき 6 余る正の整数を $an+6$ と表して計算する。

解答　(1) m, n を 0 以上の整数として，6 で割ったとき 2 余る正の整数を $6m+2$, 6 で割ったとき 3 余る正の整数を $6n+3$ と表す。

この 2 つの数の積は，
$$(6m+2)(6n+3) = 36mn + 18m + 12n + 6$$
$$= 6(6mn + 3m + 2n + 1)$$

$6mn+3m+2n+1$ は整数であるから，$6(6mn+3m+2n+1)$ は 6 の倍数である。

ゆえに，6 で割ったとき 2 余る正の整数と，6 で割ったとき 3 余る正の整数との積は，つねに 6 の倍数である。

(2) m, n を0以上の整数として，a で割ったとき4余る正の整数を $am+4$，a で割ったとき6余る正の整数を $an+6$ と表す。
この2つの数の積は，
$$(am+4)(an+6)=a^2mn+6am+4an+24$$
$$=a(amn+6m+4n)+24$$
この2つの数の積が a の倍数になるのは，24が a の倍数となるとき，すなわち，a が24の約数となるときである。
a は6より大きい正の整数であるから，$a=8$，12，24

(答) $a=8$，12，24

●気をつけよう！
6で割ったとき2余る正の整数を $6m+2$，6で割ったとき3余る正の整数を $6m+3$ のように，同じ整数 m を使って表してはいけない。2×9 や 20×45 のように，同じ整数 m で表せない2つの数の積もあるからである。

演習問題

10 右の図は，一の位の数が等しく，十の位の数の和が10である2けたの自然数の掛け算を表したものである。

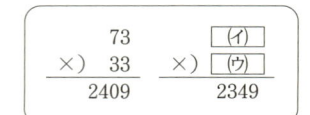

$$\begin{array}{r} 73 \\ \times)\ 33 \\ \hline 2409 \end{array} \qquad \begin{array}{r} (イ) \\ \times)\ (ウ) \\ \hline 2349 \end{array}$$

(1) 一の位の数が等しく，十の位の数の和が10である2けたの自然数の積は，次の①〜④の手順で簡単に求めることができる。(ア) にあてはまる語句を書け。また，図の (イ) と (ウ) にあてはまる数を求めよ。ただし，(イ) > (ウ) とする。
 ① 2つの自然数の一の位の数どうしを掛ける。
 ② ①で求めた数を，その末位が一の位にくるように書く。ただし，①で求めた数が1けたの数になる場合は，十の位の数を0にする。
 ③ 2つの自然数の (ア) に，一の位の数を加える。
 ④ ③で求めた数を，その末位が百の位にくるように書く。

(2) (1)の手順が，一の位の数が等しく，十の位の数の和が10である2けたの自然数の積を求める正しい方法であることを証明せよ。ただし，掛けられる数の十の位の数を a，掛ける数の十の位の数を b，一の位の数を c として証明せよ。

11 連続する5つの自然数について，最も大きい数の2乗から最も小さい数の2乗を引いた差は，中央の数の8倍になることを証明せよ。

12 一の位の数が 0 でない 2 けたの自然数 A がある。A の十の位の数と一の位の数を入れかえてできる自然数を B とする。

(1) $A+B$ が 11 の倍数になることを，A の十の位の数を x，一の位の数を y として証明せよ。

(2) $A>B$ で，$A-B$ が 7 の倍数になるような自然数 A をすべて求めよ。

13 次の問いに答えよ。

(1) 2, 4 や 6, 8 のような，2 つの続いた正の偶数の平方の和から 2 を引くと，正の奇数の平方の 2 倍になる。このことを文字を使って証明せよ。

(2) ある 2 つの続いた正の偶数の平方の和から 2 を引いた数が，3 けたの 7 の倍数になる。このような 2 つの続いた正の偶数を求めよ。

コラム　合成数と完全数

4, 6, 8, 9, …… のように，1 でも素数でもない自然数を**合成数**といいます。2 より大きい偶数は，すべて合成数です。

合成数のうちで，$6=1+2+3$，$28=1+2+4+7+14$ のように，その数自身以外のすべての約数の和がその数自身と等しい自然数を**完全数**といいます。完全数を見つけるのは難しそうですが，ユークリッド（紀元前 300 ごろ）の『原論』に次のような記述があります。

> n が 2 以上の自然数のとき，$a=2^{n-1}(2^n-1)$ は，2^n-1 が素数ならば完全数であり，偶数の完全数はこの形に限る。

$n=2$ のとき $a=2\times3=6$，$n=3$ のとき $a=4\times7=28$ は上記のように完全数です。

$n=5$ のとき $a=16\times31=496$，$n=7$ のとき $a=64\times127=8128$ も，
　　$496=1+2+4+8+16+31+62+124+248$
　　$8128=1+2+4+8+16+32+64+127+254+508+1016+2032+4064$
のように完全数ですが，$n=11$ のとき $a=1024\times2047=2096128$ は，2047 が素数ではないので（→コラム，p.4），完全数ではありません。

上記の『原論』の定理は，18 世紀になって，オイラー（1707〜1783）の手ではじめて完全に証明されました。なお，奇数の完全数については，今でもほとんど知られていません。

4 いろいろな演算

自然数のいろいろな演算についての問題を解くには，交換法則・結合法則・分配法則などの四則法則の他に，次の除法についての関係式を知っておくことが大切である。

また，加法，減法，乗法，除法などと異なる新たに定義された演算記号を使う問題にも慣れておきたい。

● 自然数の除法

自然数 a を自然数 b で割ったときの商を q，余りを r とすると，次の関係式が成り立つ。

$$a = bq + r \quad (\text{ただし，} q \text{ は 0 以上の整数，} r \text{ は } 0 \leq r < b \text{ を満たす整数})$$

● 新しい演算記号

新しい演算記号が与えられた問題では，その定義にしたがって，具体的な数をあてはめて計算してみる。

たとえば，自然数 a に対して，その約数の個数を $n(a)$ と表すことにすると，5 の約数は 1，5 の 2 個，12 の約数は 1，2，3，4，6，12 の 6 個，81 の約数は 1，3，9，27，81 の 5 個であるから，

$$n(5) = 2, \quad n(12) = 6, \quad n(81) = 5$$

となる。

例題6　文字式の計算

8616 から 5844 を引いた差を a とする。2 つの数 8616 と 5844 をそれぞれ正の整数 b で割ると，ともに割り切れず，同じ正の整数の余り r が出た。

(1) 8616 と 5844 を b で割ったときの商をそれぞれ q，q' とするとき，a を b，q，q' を用いて表せ。

(2) b の最大値と最小値を求めよ。

(3) b の値として考えられる数は何個あるか。

解説　(1) $8616 = bq + r$，$5844 = bq' + r$ より，$a = 8616 - 5844$ を計算する。

(2) a ($= 2772$) を素因数分解し，(1)より，b が a の約数であることと，b が 8616，5844 の約数ではないことを使う。

(3) (2)より，b は 2772 の約数で，300 の約数ではない。2772 の約数の個数を求め，その中から 300 の約数になっているものの個数を引く。

|解答| (1) 8616 を b で割ったときの商が q で余りが r, 5844 を b で割ったときの商が q' で余りが r であるから,
$$8616=bq+r, \quad 5844=bq'+r$$
ゆえに, $a=8616-5844=(bq+r)-(bq'+r)$
$$=bq-bq'$$
$$=b(q-q')$$

(答) $a=b(q-q')$

(2) $a=8616-5844=2772$ である。8616 と 5844 を a ($=2772$) で割ると,
$$8616=2772\times 3+300=3a+300 \quad \cdots\cdots\cdots ①$$
$$5844=2772\times 2+300=2a+300 \quad \cdots\cdots\cdots ②$$
ここで, $a=b(q-q')$ であるから, b は a ($=2772$) の約数である。
また, b は 8616 と 5844 の約数ではないから, ①, ② より, b は 300 の約数ではない。
$2772=2^2\times 3^2\times 7\times 11$, $300=2^2\times 3\times 5^2$ であるから, あてはまる b の最大値は 2772, 最小値は 7 である。

(答) 最大値 2772, 最小値 7

(3) 2772 の約数の個数は, $(2+1)(2+1)(1+1)(1+1)=36$(個) である。
この中から 300 の約数となっている $2^2\times 3=12$ の約数の個数
$(2+1)(1+1)=6$(個) を引けばよいから, 考えられる b の個数は,
$$36-6=30(個)$$

(答) 30 個

■ポイント
(3)では, 約数の個数を求める次の公式を利用した。
自然数 A が, $A=a^k b^\ell c^m d^n$ (a, b, c, d は異なる素数) と素因数分解されるとき, A の約数の個数は,
$$(k+1)(\ell+1)(m+1)(n+1)個$$
である。
ここでは 4 つの素数で素因数分解される場合で紹介したが, 2 つの素数, 3 つの素数などで素因数分解される場合も同様である。

演習問題

14 300 を 2 けたの自然数 N で割ったところ, 商が余りの 2 倍になった。このような N を求めよ。

15 異なる 4 つの整数から, 2 つずつを選んで和を求めたところ, 27, 38, 49, 50, 61, 72 となった。この 4 つの整数のうち, 2 番目に小さいものを求めよ。

16 4けたの正の整数で，上2けたと下2けたをそれぞれ2けた，または1けたの数と思って加え，それを2乗すると，もとの整数になるものを求める。
たとえば，4けたの正の整数 2025 は，上2けたが 20，下2けたが 25 で，$(20+25)^2=45^2=2025$ が成り立つ。

(1) 次の □ にあてはまる数や式を求めよ。
　求める4けたの正の整数の上2けたを A，下2けたを B とすると，この4けたの正の整数は □(ア) と表される。
　□(ア) $=(A+B)^2$ であるから，□(イ) $A+(A+B)=(A+B)^2$ となり，$(A+B)(A+B-1)=$ □(イ) A が成り立つ。□(イ) $=9\times$ □(ウ) であるから，□(イ) A は □(ウ) の倍数であり 9 の倍数でもある。
　また，A は 2 けたの数であるから，□(イ) A は 9900 未満の整数である。
　さらに，$(A+B)(A+B-1)$ は連続する 2 つの整数の積であるから，□(イ) A は 9900 未満の連続する 2 つの整数の積で，□(ウ) と 9 の公倍数である。

(2) (1)で述べたことを利用して，題意を満たす 2025 以外の4けたの正の整数をすべて求めよ。

例題7　2次方程式

《m》は自然数 m を素数の積で表したときの，素数の個数を表すものとする。たとえば，《5》$=1$，《6》$=$《2×3》$=2$，《24》$=$《$2\times 2\times 2\times 3$》$=4$ である。

(1) 《50》$-$《64》 を計算せよ。

(2) 方程式 《6》$\times$《x》$^2-$《1000》$\times$《x》$-$《256》$=0$ を満たす最小の自然数 x を求めよ。

解説　(1) $50=2\times 5^2$，$64=2^6$ のように素因数分解して，《50》，《64》を求める。
(2) 《6》，《1000》，《256》を求めた後，《x》を t とおいて得られる 2 次方程式を解く。

解答　(1) 《50》$=$《2×5^2》$=3$，《64》$=$《2^6》$=6$ であるから，
　　　　《50》$-$《64》$=3-6=-3$　　　　　　　　　　　　　　　　　　　(答)　-3

(2) 《6》$=2$，《1000》$=$《$2^3\times 5^3$》$=6$，《256》$=$《2^8》$=8$ であるから，《x》を t とおくと，
$$2t^2-6t-8=0 \qquad t^2-3t-4=0$$
これを解くと，$t=-1, 4$
《x》は自然数であるから，《x》$=4$
これを満たす最小の自然数 x は，$x=2^4=16$　　　　　　　　(答)　$x=16$

> ●気をつけよう！
>
> 　与えられた例の《24》=《2×2×2×3》=4 に注目して，素数の個数を
> 《50》=《2×5²》=2，《64》=《2⁶》=1 のように間違えないようにしよう。「異なる素数の個数」ではなく，「かけられている素数すべての個数」である。
> 　このように，新しい演算記号を使う問題では，与えられた例からその演算記号の定義をきちんと理解し，正しい使い方をすることが大切である。

演習問題

17　1から4までの整数 m，n について，演算 $m*n$ を次のように定める。

> ①　$m*n$ の値は，1から4までの整数である。
> ②　$m*1=m$
> ③　$m*n=n*m$
> ④　$m\neq n$ のとき，$k*m\neq k*n$（$k=1, 2, 3, 4$）

(1)　$n*n=1$ であるとき，$m*n$ を計算した右の表を完成させよ。

(2)　$3*4=1$ であるとき，$2*3$ の値を求めよ。

m＼n	1	2	3	4
1	1			
2		1		
3			1	
4				1

18　0以上6以下の整数 a，b に対して，新しい計算記号 $\oplus$ と $\otimes$ による計算をそれぞれ次の①，②のように定める。

> ①　$a\oplus b$ は，$a+b$ を7で割ったときの余りである。
> ②　$a\otimes b$ は，$a\times b$ を7で割ったときの余りである。

　なお，0以上6以下の整数を7で割ったときの余りは，その整数である。
　また，この計算記号が複数並んだときの計算順序は，次の規則にしたがう。
　（規則1）　計算記号 $\otimes$ は計算記号 $\oplus$ に優先する。たとえば，$a\oplus b\otimes c$ では，$b\otimes c$ を先に計算する。
　（規則2）　同じ種類の計算記号が連続して並ぶときは，最も前にある計算記号が優先される。たとえば，$a\oplus b\oplus c$ では，$a\oplus b$ を先に計算する。

(1)　$2\oplus 6\otimes 4\oplus 3\otimes 5$ の値を求めよ。

(2)　$x\otimes x\oplus x\oplus 5=0$ を満たす x の値をすべて求めよ。

5 規則的に並んだ数

ある規則にしたがって並べられた数について，指定された位置にある数を求めたり，指定された数のある位置を求めたりする問題では，まずその規則を見つけて理解することが大切である。

● 規則的に並んだ数

次の問題を解いてみよう。

> 右の図のように，自然数を1から順に1段目に1個，2段目に2個，3段目に3個というように，三角形の形に並べて書いていくとき，5段目の左端から3番目の数は何か。
> また，25は何段目の左端から何番目にあるか。

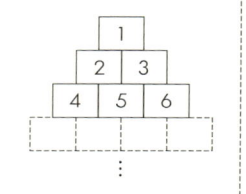

4段目の右端の数は，
$$1+2+3+4=10$$
であるから，5段目の左端から3番目の数は，
$$10+3=13$$
である。また，
$$1+2+3+4+5+6=21, \quad 25=21+4$$
であるから，25は7段目の左端から4番目にあることがわかる。

例題8　2次方程式の応用

右の図のように，正の整数を1から順に規則的に並べていく。各段の右端の数の2倍は，2つの続いた整数の積で表せる。たとえば，上から4段目の右端の数10の2倍は，4×5 と表せる。

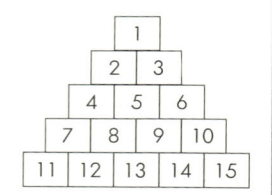

(1) 上から10段目の右端の数を求めよ。

(2) 右端の数が300であるのは，上から何段目か。

(3) 上からn段目の右端の数と$(n+1)$段目の右端の数の和が400であるとき，nの値を求めよ。

[解説]　上から1段目，2段目，3段目，4段目，……の右端の数1，3，6，10，……の2倍である2，6，12，20，……を2つの続いた整数の積で表すと，1×2，2×3，3×4，4×5，……となるから，上からn段目の右端の数の2倍は$n(n+1)$である。

[解答]　(1)　上から1段目，2段目，3段目，4段目，……の右端の数1，3，6，10，……の2倍である2，6，12，20，……を2つの続いた整数の積で表すと，
$$1\times2,\quad 2\times3,\quad 3\times4,\quad 4\times5,\quad \cdots\cdots$$
となる。
よって，上から10段目の右端の数の2倍は，$10\times11=110$
ゆえに，上から10段目の右端の数は，$110\div2=55$

（答）　55

(2)　300の2倍である600を2つの続いた整数の積で表すと，24×25 となるから，右端の数が300であるのは上から24段目である。

（答）　上から24段目

(3)　上からn段目の右端の数の2倍は$n(n+1)$，上から$(n+1)$段目の右端の数の2倍は$(n+1)(n+2)$であるから，
$$n(n+1)+(n+1)(n+2)=400\times2$$
$$(n+1)^2=400$$
nは正の整数であるから，$n+1=20$
ゆえに，$n=19$

（答）　$n=19$

[参考]　ここでは，「上からn段目の右端の数の2倍は，2つの続いた整数の積$n(n+1)$で表される」という与えられた規則を使って解いたが，上から1段目，2段目，3段目，……には，それぞれ1個，2個，3個，……の数が書かれていることに着目すると，上からn段目の右端の数は，
$$1+2+3+\cdots\cdots+n=\frac{n(n+1)}{2}$$
と求められる。このようにして解くこともできる。

演習問題

19　2，4，6，……と連続する偶数が1つずつ書かれたカードが順に重ねてある。このカードを，順序を入れかえないで，右の図のように，20枚ずつの山に分け，順に1組目の山，2組目の山，3組目の山，……とする。
(1)　n組目の山の一番上にあるカードに書かれた数を求めよ。
(2)　234と書かれたカードは，何組目の山の一番上から何枚目にあるか。

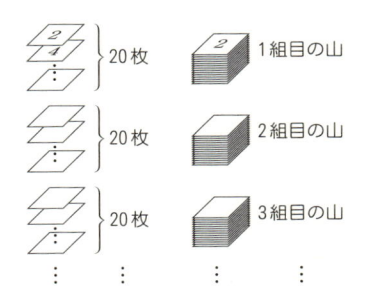

20 下の数の列はある規則にしたがって並んでいる。この数の列について，次の問いに答えよ。

　　　1, 2, 3, 4, 2, 3, 4, 5, 3, 4, 5, 6, 4, 5, 6, 7, ……

(1) 最初から数えて26番目の数を求めよ。
(2) 15が2回目に出てくるのは，最初から数えて何番目か。
(3) 最初から数えて30番目までの数の和を求めよ。

21 図1のように，円をA，B，Cと㋐，㋑，㋒の部分に分けた図がある。また，図2のように，図1のA，B，Cの部分に1から順に連続する3つの自然数を，A，B，Cの順に大きくなるように1つずつ書く。A，B，Cの部分に1, 2, 3を書いたものを第1グループ，4, 5, 6を書いたものを第2グループ，7, 8, 9を書いたものを第3グループとする。このような規則で第4グループ，第5グループ，……をつくっていく。

つぎに，図3のように，図2の第1グループ，第2グループ，第3グループそれぞれにおいて，AとBの部分に書いた自然数の和を㋐の部分に，BとCの部分に書いた自然数の和を㋑の部分に，AとCの部分に書いた自然数の和を㋒の部分に書く。同じようにして，第4グループ，第5グループ，……の㋐，㋑，㋒の部分にも自然数の和を書いていく。

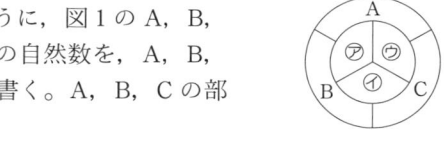

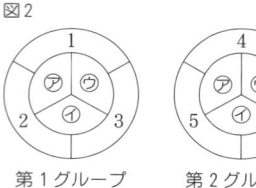

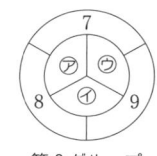

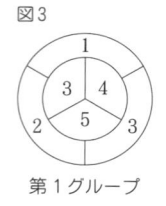

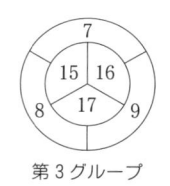

(1) 第5グループのAの部分に書く自然数は何か。また，A，B，Cの部分に書く自然数のうち，30は第何グループのどの部分に書く自然数か。
(2) ㋐，㋑，㋒の部分に書く自然数のうち，737は第何グループのどの部分に書く自然数か。

例題9　文字式の計算

下の表のように，自然数を1から順に1段に7個ずつ並べるとき，次の問いに答えよ。

```
1段目   1   2   3   4   5   6   7
2段目   8   9  10  11  12  13  14
3段目  15  16  17  18  19  20  21
4段目  22  23  24  25   ・   ・   ・
        ・   ・   ・   ・   ・   ・   ・
```
（2段目の9,10と3段目の16,17が□で囲まれている）

(1)　47 は上から何段目で左から何番目の数か。また，上から 100 段目で左から 1 番目の数は何か。

(2)　上の表のように上下に並んだ縦 2 つ，横 2 つの数を□で囲んだ 4 つの数について，$9 \times 17 - 10 \times 16$ のように，左上の数と右下の数の積から右上の数と左下の数の積を引くと，どこの 4 つの数を囲んでもその差は同じになる。

左上の数を n として，そのことを証明せよ。

[解説]　(1)　各段には 7 個ずつ自然数が並んでいるから，k 段目の右端の数は $7k$ である。$47 = 7 \times 6 + 5$ であるから，47 は上から 7 段目にある。

また，上から 99 段目の右端の数は，$7 \times 99 = 693$ である。

(2)　□で囲んだ 4 つの数について，左上の数を n とすると，右上の数，左下の数，右下の数はそれぞれ $n+1$, $n+7$, $n+8$ となる。

[解答]　(1)　各段には 7 個ずつ自然数が並んでいるから，k 段目の右端の数は $7k$ である。
$47 = 7 \times 6 + 5$ であるから，47 は上から 7 段目で左から 5 番目の数である。
また，上から 100 段目で左から 1 番目の数は，
$$7 \times 99 + 1 = 694$$

（答）47 は上から 7 段目で左から 5 番目の数
　　　上から 100 段目で左から 1 番目の数は 694

(2)　□で囲んだ 4 つの数について，左上の数を n とすると，右上の数，左下の数，右下の数はそれぞれ $n+1$, $n+7$, $n+8$ である。
よって，左上の数と右下の数の積から，右上の数と左下の数の積を引くと，
$$n(n+8) - (n+1)(n+7) = n^2 + 8n - (n^2 + 8n + 7)$$
$$= -7$$

ゆえに，左上の数と右下の数の積から，右上の数と左下の数の積を引くと，どこの 4 つの数を囲んでもその差は同じで -7 である。

演習問題

22 右の図のようなカレンダーがある。□ のように四角形で囲んだ4つの数について，左上の数と右下の数の和と，右上の数と左下の数の和はいつも等しく，左上の数と4との和の2倍になることを証明せよ。

日	月	火	水	木	金	土
			1	2	3	4
5	6	7	8	9	10	11
12	13	14	15	16	17	18
19	20	21	22	23	24	25
26	27	28	29	30	31	

23 ある中学校の運動会の開会式で，入場行進を行う。180人の生徒は，数字1, 2, 3, ……, 180が1つずつ書かれたゼッケンをつけて，次の手順1，2で行進する。

（手順1）入場門では，図1のように，180人の生徒が，ゼッケンに書かれた数の小さい順に，1列目から各列，左から右へ9人並ぶ。

（手順2）図2のように，入場門から行進を始め，矢印の向きに進む。＊の位置で左に曲がり，トラックの内側に進む。トラックの内側では，図3のように，180人の生徒が，ゼッケンに書かれた数の小さい順に，1列目から各列，左から右へ3人並ぶ。

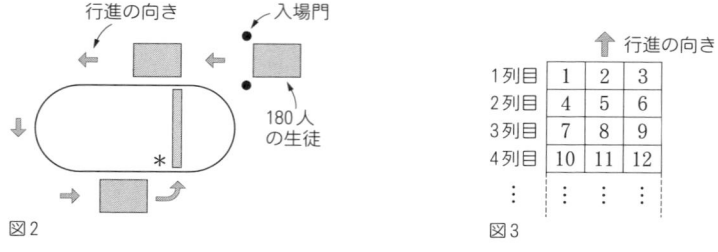

図1

図2

図3

(1) 生徒が図1のように並んでいるとき，ゼッケンに書かれた数が50の生徒の位置は，何列目の左から何番目か。

(2) 図1において，$\begin{array}{|c|c|}\hline 15 & 16 \\ \hline 24 & 25 \\ \hline\end{array}$ のように並んだ4つの数の組を $\begin{array}{|c|c|}\hline a & b \\ \hline c & d \\ \hline\end{array}$ とするとき，すべての組について，$bc-ad=9$ の関係が成り立つことを示せ。

(3) 生徒が図1のように並んでいるとき，Aさんはある列の左から3番目にいた。トラックの内側で図3のように並びかえたところ，Aさんははじめ

に並んでいた列より30列後ろの左から3番目に下がった。Aさんのゼッケンに書かれていた数を求めよ。

24 右の図のように，1から100までの自然数を1から順に，各列10個ずつ10列並んだ100個のます目に，一番上の列の左から順に書いていった。

1	2	3	4	5	6	7	8	9	10
11	12	13	14	15	16	17	18	19	20
21	22	23	24	25	26	27	28	29	30
31	32	33	34	35	36	37	38	39	40
41	42	43	44	45	46	47	48	49	50
⋮	⋮	⋮	⋮	⋮	⋮	⋮	⋮	⋮	⋮
91	92	93	94	95	96	97	98	99	100

12	13	14
22	23	24
32	33	34

のように縦，横に3つずつ並んだ9つの数を

a	b	c
d	e	f
g	h	i

とするとき，次の問いに答えよ。

(1) b, d, e, f, h の和が425のとき，e を求めよ。

(2) a, i の積と c, g の積との和が e の100倍より6だけ大きくなった。このとき，e を求めよ。

コラム　フィボナッチ数列の不思議

　　　　2, 6, 10, 14, 18, ……（差が4で一定）
　　　　3, 6, 12, 24, 48, ……（比が2で一定）

のように，ある規則に従って並んでいる数の列を数列といいます。数列については高校で学習しますが，12～13世紀のイタリアの数学者フィボナッチ（1170～1250）の名がついたフィボナッチ数列と呼ばれる次のような数列があります。

　　　　1, 1, 2, 3, 5, 8, 13, 21, 34, 55, ……

この数列の規則は，$1+1=2$, $1+2=3$, $2+3=5$, $3+5=8$, …… のように，最初から3番目以降の数がその前の2つの数の和になっていることです。

　数学で学ぶフィボナッチ数列ですが，この数列は次の例のように自然界に多く見られることでも知られています。

　（例）　花の花弁の数は，3枚，5枚，8枚，…… のものが多い。
　（例）　ひまわりの種は，らせん状に並んでおり，らせんの数は右巻き21
　　　　本と左巻き34本，右巻き34本と左巻き55本，…… のものが多い。

　他にも，フィボナッチ数列の不思議がありますが，それについては4章のコラム（→4章，p.100）で……。

2章 離散的な数量に関する問題

◯ 1 個数と代金・重さ

品物の個数と代金についての問題は，1次方程式や連立方程式を使って解く。

● 個数と代金 (1)
次の問題を解いてみよう。

> 1個100円のりんごと1個60円のみかんを合わせて10個買って，840円支払った。りんごとみかんはそれぞれ何個買ったか。

(1) **1次方程式を使って解く方法**
　　りんごをx個，みかんを$(10-x)$個買ったとすると，
$$100x+60(10-x)=840 \quad これを解くと，x=6$$

(2) **連立方程式を使って解く方法**
　　りんごをx個，みかんをy個買ったとすると，
$$\begin{cases} x+y=10 \\ 100x+60y=840 \end{cases} \quad これを解くと，x=6，y=4$$

このようにいずれの方法で解いても，りんごを6個，みかんを4個買ったことがわかる。

● 個数と代金 (2)
品物の個数などの条件が不足した問題は，次のようにxやyが整数であることを利用して解く。

> 1個100円のりんごと1個60円のみかんを合わせて何個か買って，840円支払った。りんごとみかんをそれぞれ何個買ったか。すべて求めよ。

りんごをx個，みかんをy個買ったとすると，
$$100x+60y=840 \quad 5x+3y=42 \quad 5x=3(14-y)$$
x，yは0以上の整数であるから，xは3の倍数，$14-y$は5の倍数である。これを満たすx，yの組は，$(x, y)=(0, 14), (3, 9), (6, 4)$

　したがって，答えは，りんご0個とみかん14個，りんご3個とみかん9個，りんご6個とみかん4個だとわかる。

> **例題1　1次方程式，1次不等式，連立方程式の応用**
>
> 智子さんの家では，家族旅行をするために，毎日500円ずつ貯金箱に貯金している。何も入っていないときの貯金箱の重さは90gであった。500円硬貨1枚の重さを7g，100円硬貨1枚の重さを5gとして，次の問いに答えよ。
>
> (1) はじめ500円硬貨だけで貯金をしていた。貯金を始めて何日目かに，貯金箱の重さをはかると265gであった。この貯金箱には500円硬貨が何枚入っているか。
> (2) 500円硬貨だけで貯金をしていたとき，貯金箱の重さがはじめて500gを超えたときの貯金はいくらか。
> (3) 500円硬貨がない日には，100円硬貨5枚で貯金をするようになった。そして，貯金を始めて100日目に，貯金箱の重さをはかると1096gであった。このとき，貯金箱に入っている500円硬貨の枚数を求めよ。

[解説]　(1) 貯金箱に入っている500円硬貨の枚数をa枚として方程式をつくる。
(2) 貯金箱に入っている500円硬貨の枚数をb枚として不等式をつくる。
(3) 500円硬貨で貯金をした日数をx日，100円硬貨5枚で貯金をした日数をy日として，連立方程式をつくる。

[解答]　(1) 貯金箱に500円硬貨がa枚入っているとすると，
$$7a+90=265$$
これを解くと，$a=25$　　　　　　　　　　　　　　　　　（答）　25枚

(2) 貯金箱に500円硬貨がb枚入っているとすると，
$$7b+90>500$$
これを解くと，$b>58\dfrac{4}{7}$
これを満たす最小の整数は，$b=59$
500円硬貨が59枚のとき，$500\times 59=29500$（円）
　　　　　　　　　　　　　　　　　　　　　　　　　　　（答）　29500円

(3) 500円硬貨で貯金をした日数をx日，100円硬貨5枚で貯金をした日数をy日とすると，
$$\begin{cases} x+y=100 \\ 7x+5\times 5y+90=1096 \end{cases}$$
これを解くと，$x=83$，$y=17$
500円硬貨で貯金をした日数は83日であるから，貯金箱に入っている500円硬貨の枚数は83枚である。
　　　　　　　　　　　　　　　　　　　　　　　　　　　（答）　83枚

1―個数と代金・重さ　23

演習問題

1 10円切手，50円切手，80円切手を合わせて28枚買ったところ，代金の合計は1400円になった。このときに買った10円切手の枚数が6枚であったとき，50円切手，80円切手はそれぞれ何枚買ったか。

2 ある中学校の3年生が，菓子店で職場体験学習を行った。A班は1箱1200円のお菓子を，B班は1箱800円のお菓子を販売した。

販売終了後，売上金を計算すると総額は79200円で，売上金はA班がB班より20％多かった。A班，B班はそれぞれ何箱ずつ販売したか。

3 ある中学校の3年生が，リサイクル活動を行い，古紙を集めた。集めた古紙は，新聞紙，段ボール，雑誌の3種類で，それぞれトイレットペーパー1個と交換できる重さが右の表のように決まっている。

	トイレットペーパー1個と交換できる重さ
新聞紙	10 kg
段ボール	12 kg
雑誌	15 kg

集めた古紙は全部で820 kgであり，そのうち180 kgが段ボールであった。また，集めた新聞紙，段ボール，雑誌は，それぞれ余ることなくトイレットペーパーと交換することができ，集めた古紙全部でトイレットペーパー70個と交換することができたという。この活動で集めた新聞紙と雑誌はそれぞれ何kgであったか。

例題2　3元1次方程式の整数解

ある食堂には，A定食，B定食，C定食の3種類の定食があり，それぞれの値段は，480円，440円，360円である。太郎君が友だちと何人かで食事をしたところ，合計金額は3720円であった。

3種類の定食を注文した数をそれぞれ求めよ。ただし，注文しなかった定食はないものとする。

[解説]　A定食，B定食，C定食をそれぞれ x 個，y 個，z 個注文したとすると，
$$480x + 440y + 360z = 3720$$
$$12x + 11y + 9z = 93$$
よって，$11y = 3(31 - 4x - 3z)$

x, y, z が正の整数であることを利用して，これを満たす x, y, z を求める。

[解答]　A定食，B定食，C定食をそれぞれ x 個，y 個，z 個注文したとすると，
$$480x+440y+360z=3720$$
$$12x+11y+9z=93$$
よって，$11y=3(31-4x-3z)$
x，y，z は正の整数であるから，y は3の倍数，$31-4x-3z$ は11の倍数で，
$$y≧3, \quad 31-4x-3z≦22$$
よって，$y=3$，$31-4x-3z=11$　または，$y=6$，$31-4x-3z=22$
$31-4x-3z=11$ のとき，$3z=4(5-x)$
よって，$z=4$，　　$5-x=3$　　$x=2$
$31-4x-3z=22$ のとき，$4x=3(3-z)$
これを満たす正の整数 x，z は存在しない。
ゆえに，$x=2$，$y=3$，$z=4$

（答）　A定食2個，B定食3個，C定食4個

演習問題

4　ある店で，AさんとBさんはりんごとみかんを買った。Aさんはりんご3個とみかん9個，Bさんはりんご5個とみかん6個を買って，ともに1080円支払った。
(1) りんご1個とみかん1個の値段をそれぞれ求めよ。
(2) この店では，りんごとみかんをそれぞれ何個買うと代金が1080円になるか。AさんとBさんが買った個数以外に2通り求めよ。ただし，りんごとみかんはともに1個以上買うものとする。

5　1000円札3枚を500円硬貨，100円硬貨，50円硬貨の3種類に両替したところ，どの種類の硬貨も3枚以上で，合計が25枚になった。500円硬貨，100円硬貨，50円硬貨はそれぞれ何枚になったか。

6　ボールペンが1本90円，鉛筆が1本80円で売られている。どちらも少なくとも1本は買うものとして，次の問いに答えよ。
(1) ボールペンと鉛筆を合わせて何本か買うと，代金が1200円になる。ボールペンと鉛筆をそれぞれ何本ずつ買えばよいか。
(2) ボールペンを10本買うごとに鉛筆を1本無料でもらえるとする。ちょうど2500円でボールペンと鉛筆を合わせて30本得るためには，ボールペンと鉛筆をそれぞれ何本ずつ買えばよいか。すべて求めよ。

2　分配と比

ある集団を複数のグループに分ける問題や品物などを分配する問題は，連立方程式などを使って解くが，とくにグループ分けの問題では，次の公式がよく使われる。

● グループ分け

右の図のように，全部で n 人の生徒がいるクラス U で，A に属する人が a 人，B に属する人が b 人，A と B の両方（A かつ B）に属する人が c 人であれば，A と B の少なくとも一方（A または B）に属する人は

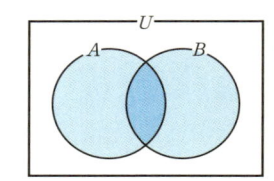

$$(a+b-c) 人$$

A と B のどちらにも属さない人は

$$(n-a-b+c) 人$$

である。

● 比例式の性質

比が与えられた問題では，次の公式が使われる。

$$a:b=c:d のとき，ad=bc \quad （外項の積と内項の積は等しい）$$

例題3　1次方程式，連立方程式の応用

A，B，C の 3 つの中学校の生徒が一緒に講演会に参加した。参加した人数は，男子が 60 人，女子が 72 人であった。また，それぞれの中学校の参加人数を調べると，B 中学校の人数は A 中学校の人数の $\frac{1}{2}$ 倍，C 中学校の人数は A 中学校の人数の $\frac{1}{3}$ 倍であった。講演会に参加した A 中学校の男子を x 人，B 中学校の男子を y 人とするとき，次の問いに答えよ。

(1)　講演会に参加した A 中学校の生徒の人数を求めよ。

(2)　講演会に参加した A 中学校の女子と C 中学校の男子の人数の和は，B 中学校の男子と C 中学校の女子の人数の和に等しかった。y を x の式で表せ。

(3)　(2)で，講演会に参加した B 中学校の男子と A 中学校の女子の人数の比が $3:5$ であるとき，x と y の値を求めよ。

[解説] (1) 講演会に参加したA中学校の生徒の人数をa人として，方程式をつくる。
(2) 講演会に参加したA中学校，B中学校，C中学校の男子と女子の人数をそれぞれx，yで表す。表に整理すると，見やすくなる。
(3) (2)と(3)の条件からxとyの連立方程式をつくって解く。

[解答] (1) 講演会に参加したA中学校の生徒の人数をa人とすると，
$$a + \frac{1}{2}a + \frac{1}{3}a = 60 + 72$$
これを解くと，$a = 72$
A中学校の生徒の人数を72人とすると，B中学校，C中学校の生徒の人数はそれぞれ36人，24人となり，これらは問題に適する。

(答) 72人

(2) 講演会に参加したA中学校，B中学校，C中学校の男子と女子の人数をそれぞれx，yで表すと，右の表のようになる。

	男子(人)	女子(人)	計
A中学校	x	$72-x$	72
B中学校	y	$36-y$	36
C中学校	$60-x-y$	$x+y-36$	24
計	60	72	132

よって，
$(72-x)+(60-x-y)$
$=y+(x+y-36)$
これを整理すると，$y = 56 - x$

(答) $y = 56 - x$

(3) $y:(72-x) = 3:5$ より，$5y = 3(72-x)$
これを整理すると，$3x + 5y = 216$
よって，$\begin{cases} y = 56 - x \\ 3x + 5y = 216 \end{cases}$
これを解くと，$x = 32$，$y = 24$

(答) $x = 32$，$y = 24$

演習問題

7 ある科学館の入館料は1人100円であり，科学館の中にはプラネタリウムと天文台がある。プラネタリウムと天文台の両方に入るには入館料の他に1人400円かかり，プラネタリウムだけに入るには入館料の他に1人300円かかり，天文台だけに入るには入館料の他に1人200円かかる。

250人の団体がこの科学館に入館した。250人のうち，プラネタリウムに入った人が180人，プラネタリウムにも天文台にも入らなかった人が10人であった。この団体が支払った金額が97500円のとき，天文台に何人入ったか。

8 倉庫に，玉ねぎが4個ずつ入った大きい袋と，3個ずつ入った小さい袋が，合わせて45袋あり，それ以外に，袋に入っていない玉ねぎが48個あった。玉ねぎをすべて袋から取り出し，袋に入っていなかった玉ねぎと合わせて，まず大きい袋に6個ずつ入れ，大きい袋がなくなったら，小さい袋に4個ずつ入れた。そうすると，大きい袋に6個ずつ，小さい袋に4個ずつ，玉ねぎを残さず入れることができ，小さい袋だけが5袋余った。

倉庫にあった玉ねぎの個数は全部で何個か。

9 210冊のノートすべてを何人かの生徒に同じ冊数ずつ配った。その後に生徒が5人増えたので，先に配った生徒から1冊ずつ回収して，増えた5人の生徒に配ったところ，はじめからいた生徒と，後から来た5人の生徒の持っているノートの冊数がちょうど同じになって配り終わった。

はじめからいた生徒の人数とはじめに1人に配ったノートの冊数を求めよ。

例題4　1次方程式の応用，連立不等式の整数解

ある会社が北海道と沖縄のそれぞれで，商品Aと商品Bの人気投票を行った。ただし，投票する人はAまたはBのいずれかに投票するものとする。

(1) 北海道での投票の結果は，Aの票数がBの票数の80％であった。もし，Bが獲得した票のうち11票がAに入っていたとすると，AとBは同じ票数になる。北海道での投票総数を求めよ。

(2) 沖縄での投票の結果は，Aの票数がBの票数の95％であった。もし，Bが獲得した票のうち4票がAに入っていたとすると，Aの票数の方がBの票数よりも多くなる。また，AとBのどちらも125票以上は獲得していた。沖縄でのAとBのそれぞれの票数を求めよ。

[解説]　(1) 北海道でのBの票数を x 票として，方程式をつくる。

(2) 沖縄でのBの票数を y 票として，連立不等式をつくる。$\dfrac{95}{100}y$ が整数であることを利用して解く。

[解答]　(1) 北海道でのBの票数を x 票とすると，

$$\frac{80}{100}x + 11 = x - 11 \qquad \text{これを解くと，} x = 110$$

Aの票数が88票，Bの票数が110票であるから，投票総数は

$$88 + 110 = 198 \text{（票）}$$

（答）　198票

(2) 沖縄での B の票数を y 票とすると，

$$\frac{95}{100}y+4>y-4 \quad\cdots\cdots\cdots\text{①} \qquad \frac{95}{100}y\geqq 125 \quad\cdots\cdots\cdots\text{②}$$

①より，$\dfrac{19}{20}y>y-8$　　これを解くと，$y<160$

②より，$\dfrac{19}{20}y\geqq 125$　　これを解くと，$y\geqq 131\dfrac{11}{19}$

よって，$131\dfrac{11}{19}\leqq y<160$

$\dfrac{19}{20}y$ が整数であることより，y は 20 の倍数であるから，$y=140$

このとき，$\dfrac{19}{20}y=\dfrac{19}{20}\times 140=133$

ゆえに，A の票数は 133 票，B の票数は 140 票

（答）A は 133 票，B は 140 票

■ポイント

　(2)では，連立不等式①，②を解くだけでは，y の値が定まらない。沖縄での A の票数が整数であることから，y が 20 の倍数であることを利用してはじめて y の値が定まる。整数解を求める問題では，このようにつくった式の中にかくれている意味を見つけることも大切である。

演習問題

10　ある中学校の生徒全員が，○か×のどちらかで答える 1 つの質問に回答し，58 % が○と答えた。男女別に調べたところ，○と答えたのは男子では 70 %，女子では 45 % であり，○と答えた人数は，男子が女子より 37 人多かった。この中学校の男子と女子の生徒数をそれぞれ求めよ。

11　ある年の A 高校の入学試験において，受験者の男女比は 15：8，合格者の男女比は 10：7，不合格者の男女比は 2：1 であった。男子の合格者と男子の不合格者の人数の比を最も簡単な整数の比で表せ。

12★　直人君は 100 円硬貨と 1000 円札だけで約 6 万円を貯め，その全額を持って買い物に出かけ，所持金の $\dfrac{2}{3}$ を使って帰ってきた。残金を調べたところ，残っていたのは 100 円硬貨と 1000 円札のみで，残っていた 100 円硬貨と 1000 円札の枚数は，それぞれ最初に持って行った 1000 円札と 100 円硬貨の枚数と等しかったという。直人君が持って出かけた金額はいくらであったか。

3 過不足算

過不足算とは,品物などを分配するときに,分配した後の余りや不足から全体の数量を求める問題である。

● 過不足算

次の問題を解いてみよう。

> お菓子を袋に入れるのに,1袋に4個ずつ入れるとお菓子が8個余り,1袋に5個ずつ入れると最後の1袋にはお菓子が2個しか入れられないという。お菓子は全部で何個あったか。

このような問題では,袋が x 袋あるとして,お菓子の個数についての次のような方程式をつくって解く。
$$4x+8=5(x-1)+2 \qquad \text{これを解くと,} x=11$$
袋が11袋だから,お菓子は全部で $4\times 11+8=52$(個)だとわかる。

例題5　1次方程式の応用

あめを何人かの子どもに分けるのに,1人に6個ずつ分けると26個余り,1人に7個ずつ分けると4個たりない。子どもの人数とあめの個数を求めよ。

[解説]　子どもの人数を x 人として,あめの個数についての方程式をつくる。

[解答]　子どもの人数を x 人とすると,
$$6x+26=7x-4 \qquad \text{これを解くと,} x=30$$
ゆえに,子どもは30人で,あめは $6\times 30+26=206$(個)

(答)　子ども30人,あめ206個

[注意]　方程式をつくるとき,余るとき(＋)と不足するとき(－)の符号の間違いに注意する。

演習問題

13　持っているお金でシュークリームを8個買うと,220円余る。10個買うと1割引きになるので,60円余る。持っているお金は何円か。

14　野外活動の宿舎で,生徒を1部屋に4人ずつ入れると5人余って全員は入れず,5人ずつ入れると,4人の部屋が1部屋でき,さらに2部屋が余る。生徒の人数を求めよ。

15 ある中学校の美術部で，定められた予算で作品制作用の布と絵の具を購入しようと考えた。1枚1300円の布を5枚，1本220円の絵の具をある本数購入すると，予算が1720円たりなくなる。そこで，それぞれの購入する数を変えずに，1枚1100円の布と1本190円の絵の具に変更すると，予算が60円余る。購入する絵の具の本数と定められた予算をそれぞれ求めよ。

コラム　小学生の過不足算は難しい？

次のような過不足算の問題があります。この問題を，中学受験をめざす小学生は，下のような図をかいて，解いていました。

> 先生の誕生日に，クラス全員でお金を出し合って，プレゼントを買うことにしました。1人150円ずつ集めると600円余り，1人100円ずつ集めると800円不足します。プレゼントの値段はいくらですか。

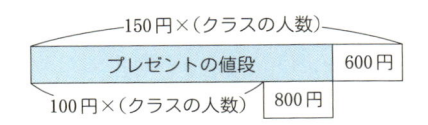

```
        ─150円×(クラスの人数)─
       ┌──────────────┬────┐
       │  プレゼントの値段  │600円│
       └──────────────┼────┤
        100円×(クラスの人数) │800円│
                          └────┘
```

150×(クラスの人数)−100×(クラスの人数)＝600＋800
よって，50×(クラスの人数)＝1400
　　　　(クラスの人数)＝1400÷50＝28(人)
ゆえに，(プレゼントの値段)＝100×28＋800＝3600(円)

ここでは，(差の集まり)＝(余り)＋(不足)の公式が使われています。

中学受験をめざす小学生は，過不足算，つるかめ算，植木算，ニュートン算，旅人算，……など異なる算法ごとにさまざまな図をかいたり，公式を利用して上手に解いていますが，これらの解き方をすべておぼえるのは大変な苦労です。1次方程式や連立方程式を使って解ける中学生は本当に恵まれていますね。

参考までに，上の問題を方程式を使うと，次のように簡単に解けます。
クラスの人数を x 人とすると，
　　　　$150x-600=100x+800$
これを解くと，$x=28$
ゆえに，プレゼントの値段は，$100×28+800=3600$ (円)

4 植木算・のりしろ算・年齢算

　植木算とは，植木などが一定の間隔で並んでいるとき，その並んでいる間隔と全体の長さから植木の数などを求める問題である。このような植木算やのりしろ算では，実際に図をかいて求めることが大切である。

● 植木算

　図1のように，長さ30mのまっすぐな道に沿って5m間隔で木を植えると，植えられた木の本数は，

$$30 \div 5 + 1 = 7 \text{（本）}$$

である。

　また，図2のように，長さ30mの円形の道に沿って5m間隔で木を植えると，植えられた木の本数は，

$$30 \div 5 = 6 \text{（本）}$$

である。

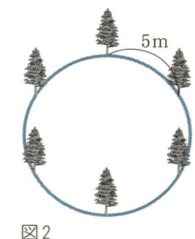

例題6　2次方程式の応用

　外周道路で囲まれた長方形の広い土地に，外周道路をつなぐまっすぐな道路を横に n 本，縦に $(n+1)$ 本，それぞれ外周道路と平行になるようにつくり，次の①，②の規則にしたがって，信号機を設置する。

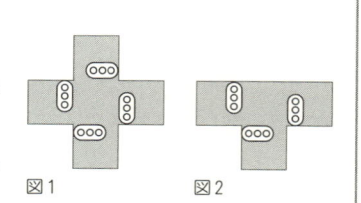

① つくった横と縦の道路が交わるところには，図1のようにそれぞれ4基の信号機を設置する。

② つくった横または縦の道路が外周道路とつながるところには，図2のようにそれぞれ3基の信号機を設置する。

　たとえば，図3のように，$n=1, 2$ のときに設置される信号機の数はそれぞれ26基，54基である。

(1) $n=3$ のとき，設置される信号機の数を求めよ。

(2) 設置される信号機の数が314基のとき，n の値を求めよ。

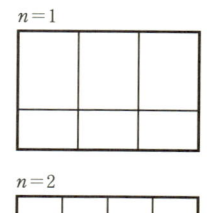

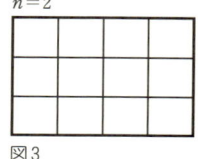

[解説] つくった横と縦の道路が交わるところは $n(n+1)$ か所，横または縦の道路が外周道路とつながるところは $\{2n+2(n+1)\}$ か所である。

[解答] (1) $n=3$ のとき，
つくった横と縦の道路が交わるところは，
$$3\times 4=12\,(\text{か所})$$
横または縦の道路が外周道路とつながるところは，
$$2\times 3+2\times 4=14\,(\text{か所})$$
ゆえに，設置される信号機の数は，
$$4\times 12+3\times 14=90\,(\text{基})$$

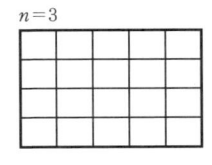

(答) 90 基

(2) つくった横と縦の道路が交わるところは $n(n+1)$ か所，横または縦の道路が外周道路とつながるところは $\{2n+2(n+1)\}$ か所であるから，設置される信号機の数は，
$$4n(n+1)+3\{2n+2(n+1)\}=4n^2+16n+6\,(\text{基})$$
$4n^2+16n+6=314$ より，$n^2+4n-77=0$
これを解くと，$n=-11,\ 7$
n は正の整数であるから，$n=7$

(答) $n=7$

演習問題

16 横の長さが 15cm の長方形の紙がたくさんある。これらを使って，右の図のように，のりしろ（紙を貼り合わせる部分）の幅を 3cm として横一列につないだところ，全体の長さが 135cm になった。

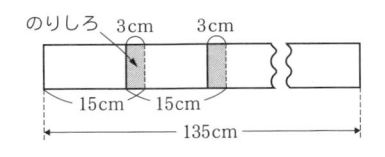

このときに使った長方形の紙の枚数を求めよ。

17 1辺 3cm の正方形の紙がたくさんある。これらを右の図のように，1辺 1cm の正方形をのりしろとして，つなぎ合わせていく。

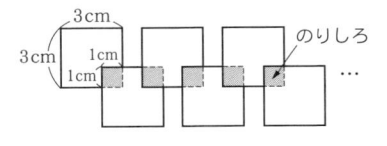

(1) 8枚の紙をつなぎ合わせたとき，できた図形の面積を求めよ。
(2) n 枚の紙をつなぎ合わせたとき，できた図形の面積が $169\,\text{cm}^2$ であった。
このとき，n の値を求めよ。

18 同じサイズの長方形のプリントを，掲示板に同じ向きに画びょうで貼る。画びょうの留め方，およびプリントの貼り方は以下の通りである。

　㋐　プリントは必ず画びょうで四隅を留める。

　㋑　プリントが2枚以上ある場合は端を重ねてその上を画びょうで留め，画びょうはつねに最低本数使用する。たとえばプリントが2枚の場合は，図1のように画びょう6本で留める（図1の●は画びょうを表す）。

　㋒　プリントを掲示板に貼っていく順番は，まず左上から始め，貼ったプリントに沿って，図2のような順番で貼っていく（①から始め，順に②，③，④，……，⑧，……と貼っていく）。

　㋓　掲示板の大きさは考えないものとする。

(1) プリントを9枚貼る場合，画びょうは何本必要か。

(2) 画びょうが60本ある。このとき，プリントを掲示板に何枚まで貼ることができるか。

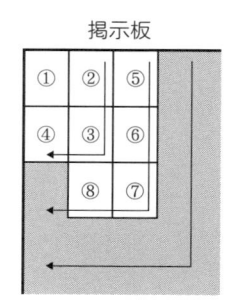

(3) 掲示板の左から順番に1，2，3，……，上から順番に1，2，3，……と数えていき，たとえば左から5番目，上から4番目のプリントの位置を$(5, 4)$と表すことにする。プリントを$(n-3, n)$の位置まで貼っていったときの画びょうの本数をnを用いて表せ。ただし，nは4以上の自然数とする。

19 2人の姉妹とその父親がいる。姉妹の生年月日は，姉が2003年8月20日で，妹は2006年8月10日である。また，父親は6月生まれである。

ある年，姉が誕生日を迎えたとき，父親の年齢は姉の年齢のちょうど5倍となった。また，28年後の妹の誕生日に，2人の姉妹の年齢の和は，ちょうど父親の年齢と同じになる。

28年後の姉の誕生日に，姉は何歳になるか。

5 ゲーム・遊び

ゲームや遊びの問題は，連立方程式などを利用して解く。

ゲーム・遊び

次の問題を解いてみよう。

> 太郎君と次郎君がじゃんけんをして，得点を競うゲームをした。1回ごとに，勝負がついたときは勝った方に3点，負けた方に0点与え，あいこのときは両方に1点ずつ与えることにした。じゃんけんを20回して，太郎君の得点は31点，次郎君の得点は22点であった。あいこの回数を求めよ。

太郎君の勝った回数を x 回，あいこの回数を y 回とすると，次郎君の勝った回数は $(20-x-y)$ 回であるから，

$$\begin{cases} 3x+y=31 \\ 3(20-x-y)+y=22 \end{cases}$$
よって，
$$\begin{cases} 3x+y=31 \\ 3x+2y=38 \end{cases}$$

これを解くと，$x=8$，$y=7$

したがって，あいこの回数は7回だとわかる。

参考 太郎君の勝った回数を x 回，次郎君の勝った回数を y 回としても，同じように解くことができる。このときの連立方程式は，次のようになる。

$$\begin{cases} 3x+(20-x-y)=31 \\ (20-x-y)+3y=22 \end{cases}$$
よって，
$$\begin{cases} 2x-y=11 \\ -x+2y=2 \end{cases}$$

例題7 連立方程式の応用，2元1次方程式の整数解

A，Bの2人が1個のボールをけってゴールに入れるゲームを行う。ゲームは，1人がボールをけって他の1人はゴールを守るものとし，これを14回行う。前半の7回はAがボールをけってBがゴールを守り，後半の7回はBがボールをけってAがゴールを守る。ボールがゴールに入ったときは，けった側にのみ2点の得点を与え，入らなかったときは，守った側にのみ3点の得点を与えるものとする。Aが x 回，Bが y 回ボールをゴールに入れたとするとき，次の問いに答えよ。

(1) Aの得点が20点，Bの得点が15点のとき，x と y の値を求めよ。

(2) 2人の得点の合計が32点となる x と y の組合せは何通りあるか。

解説 AとBの得点を x，y で表すと，Aの得点は $\{2x+3(7-y)\}$ 点，Bの得点は $\{3(7-x)+2y\}$ 点である。

[解答] (1) Aの得点は $2x+3(7-y)=2x-3y+21$ (点),
Bの得点は $3(7-x)+2y=-3x+2y+21$ (点) であるから,
$$\begin{cases} 2x-3y+21=20 \\ -3x+2y+21=15 \end{cases} \quad \text{よって,} \quad \begin{cases} 2x-3y=-1 \\ 3x-2y=6 \end{cases}$$
これを解くと, $x=4, y=3$ (答) $x=4, y=3$

(2) 2人の得点の合計は, $(2x-3y+21)+(-3x+2y+21)=-x-y+42$ (点) であるから,
$$-x-y+42=32 \qquad x+y=10$$
$0 \leq x \leq 7$, $0 \leq y \leq 7$ であるから, これを満たす整数 x, y の組 (x, y) をすべて書くと, $(x, y)=(3, 7), (4, 6), (5, 5), (6, 4), (7, 3)$
ゆえに, x と y の組合せは5通りである。 (答) 5通り

演習問題

20 AさんとBさんの2人が, じゃんけんをして石段を上ったり下りたりする遊びをした。2人とも石段の途中の同じ段からスタートし, 勝つと2段上り, 負けると1段下り, あいこのときは動かないものとする。

あいこを除き, 勝ったり負けたりを12回くり返したところ, AさんはBさんより6段上にいた。Aさんは何回じゃんけんに勝ったか。ただし, 石段はこの遊びをするのに十分な段数があるものとする。

21 由美さんと陽子さんの2人がさいころを1回ずつ投げ, 出た目の数が大きい方を勝ちとし, 出た目の数が同じときは引き分けとするゲームを行った。この1回のゲームで得る点数は, 勝った方が3点, 負けた方が0点, 引き分けのときは両方がそれぞれ1点とするものであった。

このゲームを20回行ったとき, 由美さんの勝った回数は陽子さんの勝った回数より6回多く, 由美さんの得た点数の合計は陽子さんの得た点数の合計の2倍であった。このとき, 由美さんと陽子さんの勝った回数はそれぞれ何回か。

22 ラグビーの得点の入り方には3通りある。トライにより5点, コンバージョンゴールにより2点, ペナルティゴールまたはドロップゴールにより3点である。ただし, コンバージョンゴールは, トライの後にのみ与えられるコンバージョンキックが成功した場合に限り得点できる。

ある試合でA高校の得点が27点であった。トライが x 回, コンバージョンゴールが y 回, ペナルティゴールまたはドロップゴールが z 回であったとして, 次の問いに答えよ。ただし, $x>0$ とする。
(1) $x=2$ のとき, y, z の組 (y, z) を求めよ。
(2) (1)以外のとき, x, y, z の組 (x, y, z) をすべて求めよ。

23 　江戸時代に書かれた和算書『勘者御伽双紙』の中に，「さっさ立て」という2人で行う遊びがある。

　最初に30個の碁石と2つの空の箱A，Bを用意する。1人が「さあ」とかけ声を出しながら，かけ声1回につき，碁石を2個か3個手に取って，2個取ったら箱Aに，3個取ったら箱Bに入れる。そのとき，最初に用意した30個の碁石は残さずすべてどちらかの箱に入れることにする。碁石をすべて入れ終わったところで，別の1人が箱Aに入った碁石の数を当てるという遊びである。

　裕太君と直人君の2人がこの「さっさ立て」という遊びを行い，裕太君がかけ声をかけながら碁石を箱に入れ，直人君が箱Aに入った碁石の数を当てることにした。

(1) 　裕太君が「さあ」というかけ声を11回出したところで，30個の碁石がすべて箱Aと箱Bに入れられた。直人君は少し考えた後で，箱Aに入った碁石の数を言い当てた。箱Aに入った碁石の数は何個であったか。

(2) 　この「さっさ立て」では，30個の碁石をすべて入れ終わるまでの「さあ」のかけ声の回数は何通りか考えられる。(1)の裕太君の11回の場合も含めて，全部で何通りあるか。

コラム　和算の巨人，関孝和ってどんな人？

　ニュートンとほぼ同時代に生きた関孝和（1642ごろ～1708）は，『発微算法』を著して，それまでの算木を用いて方程式を解くようないわゆる用器代数をあらため，「点ざん」と呼ばれる筆算による代数を創始し，日本特有の数学である和算を発展させました。

関孝和

　主な業績としては，世界で最も早く行列式の概念を提案した方程式論の研究や，かなり正確な円周率の計算を含む正多角形の理論の研究などがあります。微分積分学を創始したとも言われますが，残念ながら彼の時代には，ニュートンやライプニッツのレベルにまでは達していなかったようです。

6 平均・中央値

与えられた資料の平均や中央値を求めたり，利用する問題では，次の公式をもとに考える。

平均

n 個の資料 x_1, x_2, x_3, ……, x_n の総和を X，平均を M とすると，

$$M = \frac{X}{n} = \frac{x_1 + x_2 + x_3 + \cdots + x_n}{n}, \quad X = nM$$

である。

中央値

n 個の資料の**中央値**は，資料を小さい方または大きい方から順に並べたときの真ん中の値である。

$$x_1, \quad x_2, \quad x_3, \quad x_4, \quad x_5 \quad (x_1 \leqq x_2 \leqq x_3 \leqq x_4 \leqq x_5)$$

のように，資料が奇数個のときの中央値は真ん中の値

$$x_3$$

である。

$$x_1, \quad x_2, \quad x_3, \quad x_4, \quad x_5, \quad x_6 \quad (x_1 \leqq x_2 \leqq x_3 \leqq x_4 \leqq x_5 \leqq x_6)$$

のように，資料が偶数個のときの中央値は，真ん中の2つの資料の平均をとり，

$$\frac{x_3 + x_4}{2}$$

となる。

例題8　連立方程式の応用

下の表は，ある1週間における A 市の最高気温をまとめたものである。空欄の部分のデータは不明である。7日間の最高気温の平均は 27 度で，前半 3 日間の平均が後半 4 日間の平均よりも 7 度高いことがわかっている。7 日間の最高気温の中央値を求めよ。

	日	月	火	水	木	金	土
最高気温（度）		33	32	29	22	21	

[解説]　日曜日と土曜日の最高気温をそれぞれ x 度，y 度として，連立方程式をつくり，まず x と y の値を求める。

解答 日曜日と土曜日の最高気温をそれぞれ x 度, y 度とすると,
7日間の平均が27度であるから,
$$x+33+32+29+22+21+y=27\times 7$$
よって, $x+y=52$ ………①
前半3日間の平均が後半4日間の平均よりも7度高いから,
$$\frac{x+33+32}{3}=\frac{29+22+21+y}{4}+7$$
よって, $4x-3y=40$ ………②
①, ②を連立させて解くと, $x=28$, $y=24$
このとき, 7日間の最高気温を低い方から順に並べると,
$$21, 22, 24, 28, 29, 32, 33 \text{(度)}$$
となるから, 中央値は28度である。　　　　　　　　　　　（答）　28度

演習問題

24 下の表には, 6人の生徒A～Fのそれぞれの身長から160cmを引いた値が示されている。ただし, 表の右端が折れて生徒Fの値が見えなくなっている。この表をもとに, これら6人の生徒の身長の平均を求めたところ161.5cmであった。生徒Fの身長を求めよ。

生徒	A	B	C	D	E	F
160cmを引いた値	+8	−2	+5	0	+2	

25 ボウリングのピンを10本並べ, 球を1回投げてピンを倒すゲームを, 30人が行った。下の表は, 倒したピンの本数と人数を整理したものである。ただし, 倒したピンの本数が7本の人数と9本の人数は不明である。

倒したピンの本数（本）	0	1	2	3	4	5	6	7	8	9	10	計
人数（人）	4	3	0	6	1	1	2		3		1	30

(1) この30人について, 倒したピンの本数の中央値を求めよ。
(2) この30人について, 倒したピンの本数の平均が4.9本であるとき, 倒したピンの本数が7本の人数と9本の人数をそれぞれ求めよ。

26 男子18人, 女子22人のあるクラスで行われた数学のテストの平均点について, クラス全体の平均点は70.7点, 男子全員の平均点は68.5点であった。女子全員の平均点を求めよ。

27 ★ ある集団の生徒を対象に，1問 10 点で 10 問（100 点満点）のテストを行った。次の表のように，テストの得点に応じて評価をつけ，評価 A，B を合格，評価 C を不合格とした。空欄の部分の人数は不明である。

評価	C				B				A		
得点	0	10	20	30	40	50	60	70	80	90	100
人数	4	2	5				7		5	4	1

以下の㋐，㋑，㋒がわかっているとき，次の(1)，(2)に答えよ。
㋐ 評価 A の生徒の平均点は，評価 C の生徒の平均点より 70 点高い。
㋑ 合格者の平均点は 65 点であるが，得点が 30 点の生徒も合格者に含めると，合格者の平均点は 63 点となる。
㋒ 評価 B の中では，得点が 60 点の生徒の人数が最も少ない。
(1) 得点が 30 点の生徒の人数と，この集団の生徒の総数をそれぞれ求めよ。
(2) 得点が 70 点の生徒の人数を求めよ。

歴史上の三大数学者は誰？

数学の用語の中には，数学者の名前のついたものが数多くありますが，歴史上最も偉大な数学者は誰でしょうか？
　一般に「歴史上の三大数学者」と言われるのは，アルキメデス（紀元前 287 ～212），ニュートン（1642～1727），ガウス（1777～1855）の 3 人です。
　浮力の原理や，てこの原理の発見で知られるアルキメデスは，数学よりも理科の分野で有名ですが，数学の分野でも大活躍し，円の面積や球の体積を求める一般的な方法を発見し，円周率 π が $3\frac{10}{71}$（=3.1408……）と $3\frac{1}{7}$（=3.1428……）の間にあることを示したことでも知られています。
　ニュートンも，万有引力の法則の発見など理科の分野であまりにも有名ですが，数学の分野でも微分積分学の創始者として，数学（解析学）の発展に大きく貢献しました。
　「数学界の王者」とも呼ばれるガウスは，一般にはアルキメデスやニュートンほどには知られていませんが，数学や天文学の分野で果たした功績は大きなものがあり，高校数学では複素数平面の創始者として知られています。

7 割引きと利益・利息

商品の定価のつけ方や商品を売った後に得られる利益，銀行などでの利息に関する問題では，次の公式をもとに考える。

定価と利益

原価が a 円の品物に p 割の利益を見込んで定価をつけた。このときの定価を b 円とすると，

$$b = a\left(1 + \frac{p}{10}\right)$$

その定価 b 円の品物を q 割引きで売った。このときの売り値を c 円とすると，

$$c = b\left(1 - \frac{q}{10}\right) = a\left(1 + \frac{p}{10}\right)\left(1 - \frac{q}{10}\right)$$

また，1個の原価が a 円の品物を n 個仕入れ，定価 b 円ですべて売り切ったときの利益を d 円とすると，

$$d = (b - a)n$$

がそれぞれ成り立つ。

利息

元金 A 円を年利率 $r\%$ で銀行に預けたときの1年後の利息を B 円，元金と利息の合計を C 円とすると，次の公式が成り立つ。

$$B = \frac{Ar}{100}, \quad C = A + B = A\left(1 + \frac{r}{100}\right)$$

例題9　連立方程式の応用

ある商店では，商品 A を x 個，商品 B を y 個仕入れ，A に1個 100 円，B に1個 120 円の定価をつけた。2月9日はどちらも定価で売ったところ，それぞれの仕入れ個数に対して，A は $\frac{3}{5}$，B は $\frac{2}{3}$ が売れ，A と B 合わせて 58 個の商品が売れ残った。そこで翌日の2月10日に，残った商品を A は1割引き，B は2割引きにして売ったところすべてが売れ，2月10日の売り上げ合計は 5400 円であった。x と y の値を求めよ。

[解説] 2月9日に売れ残った商品A，商品Bはそれぞれ $\frac{2}{5}x$ 個，$\frac{1}{3}y$ 個である。また，2月10日の商品A，商品Bの売り値はそれぞれ $100 \times \frac{9}{10} = 90$ (円)，$120 \times \frac{8}{10} = 96$ (円) である。

[解答] 2月9日に売れ残った商品Aは $\frac{2}{5}x$ 個，商品Bは $\frac{1}{3}y$ 個であるから，

$$\frac{2}{5}x + \frac{1}{3}y = 58$$

よって，$6x + 5y = 870$ ………①

また，2月10日の商品Aの売り値は，$100 \times \frac{9}{10} = 90$ (円)，

商品Bの売り値は，$120 \times \frac{8}{10} = 96$ (円) であるから，

$$\frac{2}{5}x \times 90 + \frac{1}{3}y \times 96 = 5400$$

よって，$9x + 8y = 1350$ ………②

①，②を連立させて解くと，$x = 70$，$y = 90$

x は5の倍数，y は3の倍数であるから，これらの値は題意を満たす。

(答) $x = 70$，$y = 90$

[注意] 連立方程式を解いた後，題意を満たすのが明らかな場合には，「題意を満たす」という一文を省略するが，ここでは $\frac{2}{5}x$，$\frac{1}{3}y$ が整数でなければならないので，確認のためにつけ加えた。

演習問題

28 N銀行にお金を1年間預けると，預けたお金の5%の金額だけ増える。ただし，お金を引き出すときは，手数料として105円かかる。預けてから1年後にお金をすべて引き出すと，受け取った金額が預けた金額と同じであった。
預けた金額は何円であったか。

29 2つの商品A，Bがある。Aを定価で2個，Bを定価で3個買ったときの合計の金額と，Aを定価の2割引きで4個，Bを定価の3割引きで3個買ったときの合計の金額は，どちらも1800円であった。
このとき，A，Bの定価をそれぞれ求めよ。

30 商品 A，B を同じ店で 3 回連続して購入した。1 回目，2 回目は A，B ともに定価で購入し，3 回目は A，B とも同時に割引販売していたので，安く購入できた。右の表は，3 回の A，B の購入個数と購入金額を表したものである。

	商品 A	商品 B	購入金額
1 回目	7 個	4 個	2080 円
2 回目	3 個	5 個	2140 円
3 回目	9 個	6 個	1800 円

A，B の定価と，割引販売の割引率を求めよ。ただし，A，B の割引販売の割引率は等しいものとする。

例題10 2 次方程式の応用

1 個 100 円で売ると 1 日に 240 個売れる商品がある。この商品は 1 円値下げするごとに，1 日あたり 4 個多く売れる。この商品を x 円値下げした日の売り上げは 25600 円であった。このとき，x の方程式をつくり，何円値下げしたかを求めよ。

[解説] x 円値下げした日の売り値は $(100-x)$ 円で，売り上げ個数は $(240+4x)$ 個である。

[解答] x 円値下げした日の売り値は $(100-x)$ 円で，売り上げ個数は $(240+4x)$ 個であるから，

$$(100-x)(240+4x)=25600 \qquad x^2-40x+400=0$$

これを解くと，$x=20$

ゆえに，20 円値下げした。　　　　　　　　　　　　　　　　　　　　　（答）　20 円

演習問題

31 原価 2000 円の商品に $x\%$ の利益を見込んで定価をつけたが，売れないので定価の $x\%$ 引きで売ったところ，45 円の損失となった。x の値を求めよ。

32 ある品物を 1 個 375 円で x 個仕入れ，6 割の利益を見込んで定価をつけた。1 日目は定価で売ったところ，仕入れた個数の 2 割だけ売れた。2 日目は定価の y 割引きの価格で売ったところ，売れ残っていた個数の $\dfrac{3}{8}$ だけ売れた。3 日目は 2 日目の売り値のさらに $2y$ 割引きの価格で売ったところ，売れ残っていた 75 個がすべて売り切れた。

(1) x の値を求めよ。

(2) 3 日間で得た利益は 4950 円であった。このとき，y の値を求めよ。

8 人や品物の増減

人や品物の数が増減する問題は，連立方程式などを使って解く。

人や品物の増減

次の問題を解いてみよう。

> ある中学校の昨年度の生徒数は230人であった。今年度の生徒数は，昨年度と比べ，男子が10％増え，女子が5％減り，全体で5人増えた。今年度の男子，女子の生徒数をそれぞれ求めよ。

昨年度の男子，女子の生徒数をそれぞれ x 人，y 人とすると，

$$\begin{cases} x+y=230 \\ 0.1x-0.05y=5 \end{cases} \quad \text{または，} \quad \begin{cases} x+y=230 \\ 1.1x+0.95y=230+5 \end{cases}$$

これを解くと，$x=110$，$y=120$

$$1.1 \times 110 = 121$$
$$0.95 \times 120 = 114$$

であるから，今年度の男子，女子の生徒数は，それぞれ121人，114人だとわかる。

> ●気をつけよう！
>
> 今年度の男子，女子の生徒数をそれぞれ x 人，y 人として，
> $$\begin{cases} 0.9x+1.05y=230 \quad \cdots\cdots(*) \\ x+y=230+5 \end{cases}$$
> という連立方程式をつくって解くのは間違いである。
>
> 昨年度の男子，女子の生徒数はそれぞれ $\dfrac{100}{110}x$ 人，$\dfrac{100}{95}y$ 人であるから，$(*)$ の式は $\dfrac{100}{110}x+\dfrac{100}{95}y=230$ でなければならないが，この式を使って連立方程式を解くのは計算が大変である。

例題11　連立方程式の応用

入館料が大人1人500円，子ども1人200円の博物館があり，8月1日に大人と子ども合わせて300人が入館した。翌2日は前日と比べて大人の入館者数が10％増えて，子どもの入館者数が20％減り，その日の入館料の合計は87000円となった。8月1日の大人，子どもの入館者数をそれぞれ求めよ。

[解説] 8月1日の大人，子どもの入館者数をそれぞれ x 人，y 人とすると，8月2日の大人，子どもの入館者数はそれぞれ $1.1x$ 人，$0.8y$ 人である．

[解答] 8月1日の大人，子どもの入館者数をそれぞれ x 人，y 人とすると，8月2日の大人，子どもの入館者数はそれぞれ $1.1x$ 人，$0.8y$ 人であるから，

$$\begin{cases} x+y=300 \\ 1.1x \times 500 + 0.8y \times 200 = 87000 \end{cases}$$

よって，$\begin{cases} x+y=300 \\ 55x+16y=8700 \end{cases}$

これを解くと，$x=100$，$y=200$

（答）　大人 100 人，子ども 200 人

演習問題

33 ある高校の生徒数は昨年は 440 人であったが，今年は昨年より男子の人数が 10％ 増加し，女子の人数が 10％ 減少した．その結果，全体では 4 人減少した．

今年の男子，女子の人数をそれぞれ求めよ．

34 ある家庭では，昨年 1 月の電気代と水道代の 1 日あたりの合計額は 530 円だった．その後，家族で節電・節水を心がけたため，今年 1 月の 1 日あたりの額は，昨年 1 月と比較して電気代は 15％，水道代は 10％ 減り，1 日あたりの合計額は 460 円となった．

今年 1 月の 1 日あたりの電気代と水道代をそれぞれ求めよ．

35 ある展覧会が 2 日間行われた．1 日目の大人の入場者数を x 人，子どもの入場者数を y 人とする．2 日目の子どもの入場者数は 1 日目の子どもの入場者数に比べ 20％ 増え，2 日目の大人と子どもの入場者数の合計は 1 日目の大人と子どもの入場者数の合計に比べ 25％ 増えた．

(1) 2 日目の大人の入場者数を x，y で表せ．

(2) この展覧会の入場料は大人が 1 人 2100 円で，子どもが 1 人 600 円である．1 日目の入場料の合計は大人と子どもとを合わせて 126000 円だった．2 日目の入場料の合計は 1 日目の入場料の合計の $\dfrac{4}{3}$ 倍だった．このとき，x，y の値を求めよ．

9 使用料金・運賃

使用量で変わる料金，運ぶ品物の重さや距離で変わる運賃などの問題は，式とグラフの両方を使って解く。

● 使用料金・運賃

次の問題を解いてみよう。

2つの運送会社A社とB社で20kg以下の荷物を運ぶときの料金が，それぞれ表1，表2のように定められている。

20kg以下のある荷物を1個運ぶとき，A社を利用する場合とB社を利用する場合の料金が等しくなるような荷物の重さは何kgか。すべて求めよ。

表1　A社の料金

荷物の重さ	料金
6kg 以下	400 円
6kg より重く 14kg 以下	1000 円
14kg より重く 20kg 以下	1600 円

表2　B社の料金

荷物を1個運ぶときの料金は，400円に，荷物の重さに比例する金額を加えたものとする。加える金額は1kgあたり80円とする。

---

x kgの荷物を運ぶときの料金を y 円とすると，$0<x\leq 20$ のとき，y を x で表した式は，それぞれ次のようになる。

〔A社の場合〕
　　$0<x\leq 6$ のとき，　$y=400$
　　$6<x\leq 14$ のとき，　$y=1000$
　　$14<x\leq 20$ のとき，$y=1600$

〔B社の場合〕
　　$y=80x+400$

このとき，x と y の関係をグラフで表すと，図1のように，A社の場合は階段状のグラフで，B社の場合は直線で表される。

グラフより，料金が等しくなる場合は2通りある。

$6<x\leq 14$ のとき，　$80x+400=1000$　　$x=7.5$
$14<x\leq 20$ のとき，$80x+400=1600$　　$x=15$

したがって，7.5kgと15kgだとわかる。

図1

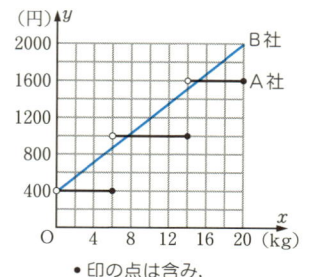

●印の点は含み，
○印の点は含まない。

■ポイント

　使用量で変わる料金，運ぶ品物の重さや距離で変わる運賃などの問題では，2つの変量の関係をグラフで表すと，図1のように階段状のグラフや1次関数のグラフで表される。グラフが与えられていないときは，自分でグラフをかくと問題が解きやすくなる。

例題12　1次関数の応用

　A市，B市の1か月あたりの水道料金（基本料金と使用量ごとの料金の和）は，次の表のように定められている。

A市

基本料金	使用量	使用量ごとの料金
2000円	$0\,m^3$ 以上 $20\,m^3$ 以下	0円
	$20\,m^3$ 以上 $50\,m^3$ 以下	$20\,m^3$ を超える分について，$1\,m^3$ あたり 100円
	$50\,m^3$ 以上	$50\,m^3$ までの料金に加え，$50\,m^3$ を超える分について，$1\,m^3$ あたり 140円

B市

基本料金	使用量	使用量ごとの料金
1000円	$0\,m^3$ 以上 $80\,m^3$ 以下	$1\,m^3$ あたり 125円
	$80\,m^3$ 以上	$80\,m^3$ までの料金に加え，$80\,m^3$ を超える分について，$1\,m^3$ あたり 100円

(1)　1か月あたりの使用量が $30\,m^3$ のときのA市の水道料金を求めよ。

(2)　1か月あたりの使用量が $x\,m^3$ のときの水道料金を y 円とする。A市における次の各場合について，y を表す式をつくれ。

　　(i)　$0 \leqq x \leqq 20$　　　(ii)　$20 \leqq x \leqq 50$　　　(iii)　$50 \leqq x$

(3)　右の図はB市における1か月あたりの使用量と水道料金の関係を表すグラフである。この図に，A市における1か月あたりの使用量と水道料金の関係を表すグラフをかき入れよ。

(4)　A市とB市の1か月あたりの水道料金が等しくなるような使用量をすべて求めよ。

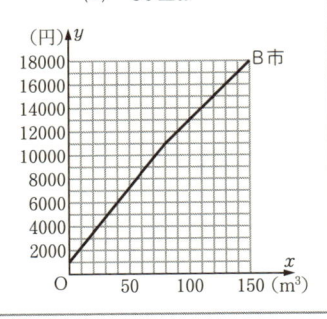

[解説] (2) $20 \leq x \leq 50$ のとき，$y = 2000 + 100(x-20)$
これをもとに，$50 \leq x$ のときの式を求める。

(4) A市とB市の2つのグラフの交点に着目し，方程式を利用して，交点の x 座標を求める。

[解答] (1) $2000 + 100(30-20) = 3000$ 　　　　　　　　　　　　　　　（答）3000 円

(2) (i) $0 \leq x \leq 20$ のとき，$y = 2000$
(ii) $20 \leq x \leq 50$ のとき，$y = 2000 + 100(x-20) = 100x$
(iii) $x = 50$ のとき，$y = 100 \times 50 = 5000$ であるから，
$50 \leq x$ のとき，$y = 5000 + 140(x-50) = 140x - 2000$

（答）(i) $y = 2000$ 　(ii) $y = 100x$ 　(iii) $y = 140x - 2000$

(3) 右の図

(4) (3)の図より，A市とB市の水道料金が等しくなるのは，$0 \leq x \leq 20$ のときと，$80 \leq x$ のときの2回ある。
B市における x と y の関係式は，
$0 \leq x \leq 80$ のとき，$y = 125x + 1000$
$x = 80$ のとき，$y = 125 \times 80 + 1000 = 11000$
であるから，$80 \leq x$ のとき，
$y = 11000 + 100(x-80) = 100x + 3000$
よって，$0 \leq x \leq 20$ のとき，$2000 = 125x + 1000$ 　$x = 8$
$80 \leq x$ のとき，$140x - 2000 = 100x + 3000$ 　$x = 125$

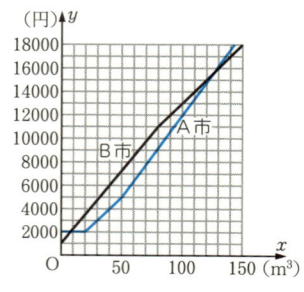

（答）$8\,\text{m}^3$，$125\,\text{m}^3$

演習問題

36 ある電力会社の電気料金は，
（電気料金）＝（基本料金）＋（超過料金）
で計算される。基本料金とは一定量
$a\,\text{kW}$（kWは使用電力を測る単位）
までの料金 1000 円のことで，超過料金とは $a\,\text{kW}$ を超えた分の料金のことで $1\,\text{kW}$ あたり b 円である。この電力会社ではある事情により，9月分から超過料金についてのみ $1\,\text{kW}$ あたり 8% 値上げをした。上の表はある家庭の8月分と9月分の電気の使用量と電気料金である。$0 < a < 190$ として，次の問いに答えよ。

	使用量	電気料金
8月分（値上げ前）	220 kW	3500 円
9月分（値上げ後）	190 kW	2890 円

(1) 8月分の電気料金 3500 円および 9月分の電気料金 2890 円をそれぞれ a，b を用いて表せ。

(2) a，b の値を求めよ。

37 図1は，ある鉄道の路線におけるA駅からE駅までの各駅の間の距離を表したもので，図2のグラフは，この路線の乗車距離と大人の片道運賃の関係を表したものである。子どもの運賃は，大人の運賃の半額である。

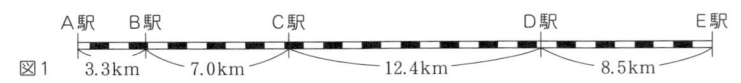

図1　A駅 — 3.3km — B駅 — 7.0km — C駅 — 12.4km — D駅 — 8.5km — E駅

(1) 大人5人がB駅からC駅まで乗ったときの片道運賃の合計金額を求めよ。

(2) A駅で大人8人が列車に乗った。そのうち x 人がC駅で降り，残りの y 人がE駅で降りた。この8人の片道運賃の合計金額は3270円であった。

x, y についての連立方程式をつくり，A駅からC駅まで乗った大人の人数を求めよ。

(3) 大人9人と子ども6人のグループ全員が，1人1枚ずつの片道の乗車券を購入し，A駅からE駅方面に向かう列車にある駅で乗り，別の駅で降りた。このときの片道運賃の合計金額が6480円であった。

このグループはどの駅で乗り，どの駅で降りたか。

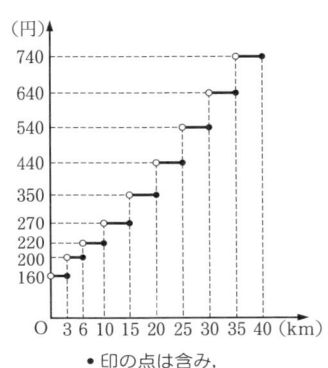

図2
●印の点は含み，
○印の点は含まない。

38 ある会社で建物を増築したときに，よく使う照明には節電効果の高いLED電球を，それ以外の照明には白熱電球を取りつけた。下の表は，LED電球1個と白熱電球1個の値段，消費電力，寿命（使える時間）と1時間あたりの電気料金を比較したものである。

	値段	消費電力	寿命	電気料金
LED電球	3000円	10 W	40000時間	0.23円
白熱電球	100円	60 W	1000時間	1.38円

(1) LED電球と白熱電球の購入代金は合わせて122000円で，消費電力の合計が1600Wであった。この会社では，LED電球と白熱電球をそれぞれ何個ずつ取りつけたか。

(2) ある照明1か所の1か月の使用時間を200時間として，2種類の電球を使用した場合について，使い始めてからの総費用を比較する。

次ページの ☐ に入る最も適当な数や式をそれぞれ求めよ。

それぞれの電球 1 個は，LED 電球で ア か月間，白熱電球で 5 か月間使用できることになる。

LED 電球の場合，x か月間の総費用を y 円とすると，
$$0 \leq x \leq \boxed{\text{ア}} \text{ で，} y = \boxed{\text{イ}} x + 3000$$
となる。

白熱電球の場合，x か月間の総費用を y 円とすると，
$$0 \leq x \leq 5 \text{ で，} \quad y = \boxed{\text{ウ}}$$
$$5 < x \leq 10 \text{ で，} \quad y = \boxed{\text{エ}}$$
…… となる。

(3) (2)の 2 種類の電球について，LED 電球を使用した場合の総費用が白熱電球を使用した場合の総費用より安くなるのは，何か月目以降か。

アルキメデスはローマ軍と戦った？

現在のイタリア，シチリア島にあるシラクサ王国に生まれたアルキメデス（紀元前 287～212）は，青年時代にエジプトのアレキサンドリアに遊学したほかは，シラクサ王の尊敬を得て研究に没頭しました。

当時は，ローマとカルタゴが地中海世界の覇権を争った第 1 次ポエニ戦役（紀元前 264～241），第 2 次ポエニ戦役（紀元前 218～201）の最中で，はじめはローマ側についたシラクサでしたが，ハンニバルの活躍でカルタゴが優勢になると，カルタゴ側に寝返りました。怒ったローマは大船団をシチリア島に送って，海側からシラクサを攻略しようとしましたが，アルキメデスが考案したさまざまな兵器に散々に悩まされました。最後は，祭りの酒でシラクサ軍民が酔っているところを山側から攻めて陥落させましたが，ローマ軍の司令官はこの混乱の中でローマ兵に殺されたアルキメデスの死を残念がったということです。

アルキメデスには，「風呂に入っているときに，浮力の原理を発見した」という有名な逸話がありますが，死ぬときも「数学に熱中していてローマ兵に殺された」という話が残っています。

3章 連続的な数量に関する問題

1　面積・体積・容積

　長方形や正方形などの図形から一定の部分を取り除いたり，図形の辺の長さなどを変えたりして，その図形の面積を求める問題では，次のように図にかいて整理すると解きやすい。

● 長方形の分割
　縦 a m，横 b m の長方形の形をした土地がある。
　この長方形の形をした土地に，図1のように，幅 x m の道を長方形の各辺と平行になるようにつくり，道の部分を除いた残りの4つの土地の面積の和を求めるときは，図2のように，道をそれぞれ端に寄せて残りの土地を一つの長方形にまとめて求めると，

$$(a-x)(b-x) \text{ m}^2$$

となる。

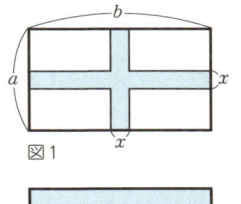

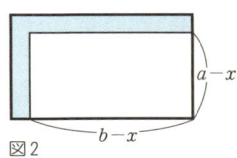

例題1　　2次方程式の応用

　縦 30 m，横 60 m の長方形の土地がある。右の図のように，長方形の各辺と平行になるように，同じ幅の通路を，縦に3本，横に2本つくり，残りの土地に花を植えたい。花を植える土地の面積をもとの土地の面積の 78％ にするには，通路の幅を何 m にすればよいか。

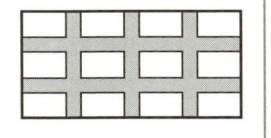

　|解説|　通路の幅を x m として，2次方程式をつくる。その際，右の図のように，通路を端に寄せて花を植える土地を一つにまとめると，式がつくりやすい。

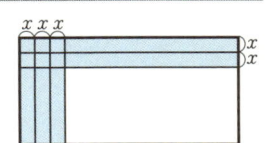

　|解答|　通路の幅を x m とすると，
$$(30-2x)(60-3x)=30\times60\times0.78$$
　　これを整理すると，
$$x^2-35x+66=0 \qquad (x-2)(x-33)=0$$
　　よって，$x=2, 33$　　$0<x<15$ であるから，$x=2$　　　　　（答）2 m

演習問題

1 正方形の縦の長さを 5cm 長くし，横の長さを 12cm 短くして長方形をつくったところ，その面積は正方形の面積の半分になった。正方形の 1 辺の長さを求めよ。

2 縦の長さが 18m，横の長さが 22m の長方形の形をした土地がある。この土地に，右の図のように，幅の等しい道と 4 つの長方形の形をした花壇をつくる。

4 つの花壇の面積の合計が 320 m² になるとき，道の幅を求めよ。

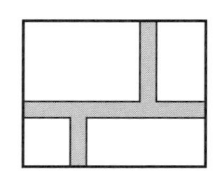

3 右の図のように，長方形 ABCD の辺 BC，CD，DA 上にそれぞれ点 E，F，G をとり，線分 EG 上に点 H をとると，四角形 ABEG，HECF はともに正方形となった。

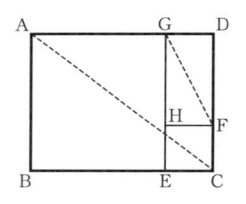

次の問いに答えよ。なお，答えが複数ある場合は，それらをすべて答えること。

(1) 長方形 ABCD の面積が長方形 GHFD の面積の 6 倍であるとき，BE : EC をできるだけ簡単な整数の比で表せ。

(2) △ABC の面積が 6，△FDG の面積が 1 であるとき，正方形 ABEG の面積を求めよ。

4 横の長さが縦の長さより 2cm 長い長方形の紙がある。右の図のように，4 隅から 1 辺が 4cm の正方形を切り取り，折り曲げて，ふたのない直方体の形の容器をつくったところ，容積が 96 cm³ となった。

もとの紙の縦の長さを求めよ。

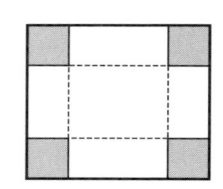

2　食塩水の濃度

食塩水などの水溶液について，その濃度や食塩の量などを求める問題では，次の公式をもとに考える。

食塩水の濃度

濃度 $a\%$ の食塩水が p g あるとき，この食塩水の中の食塩の量を q g とすると，

$$q = \frac{ap}{100}, \quad a = \frac{100q}{p}$$

が成り立つ。

この公式をもとに次の問題を解いてみよう。

> 8％ の食塩水 50 g と 11％ の食塩水 100 g を混ぜた食塩水の濃度を求めよ。

それぞれの食塩水の中の食塩の量に着目すると，

$$\frac{8}{100} \times 50 = 4 \, (\text{g})$$

$$\frac{11}{100} \times 100 = 11 \, (\text{g})$$

であるから，混ぜた食塩水の中の食塩の合計は，$4 + 11 = 15$（g）となる。

また，食塩水の合計は，$50 + 100 = 150$（g）であるから，求める濃度は，

$$\frac{15}{150} \times 100 = 10 \, (\%)$$

だとわかる。

|注意|　食塩水などの水溶液の濃度を求める問題では，上の例のように，答えはふつう百分率（％）で答える。

■ポイント

この問題のように，食塩水の問題では，食塩水の中の食塩の量に着目すると，式がつくりやすい。その際，水を加えたり，水を蒸発させても食塩の量は変化せず，食塩水の量が変化するだけであることに注意する。

また，次のことを基本として確認しておこう。
(i)　食塩を加えると，食塩水は濃くなる。
(ii)　水を加えると，食塩水はうすくなる。
(iii)　水を蒸発させると，食塩水は濃くなる。

例題2　連立方程式の応用

2つの容器 A，B にそれぞれ 350g，450g の食塩水が入っている。はじめに，A から 200g，B から 100g の食塩水を取り出し，空の容器に入れてよくかき混ぜたら，濃度が 12％ の食塩水ができた。つぎに，A と B に残っていた食塩水をすべて取り出し，空の容器に入れてよくかき混ぜたら，濃度が 9.8％ の食塩水ができた。

A，B に入っていた食塩水の濃度をそれぞれ求めよ。

[解説]　A，B に入っていた食塩水の濃度をそれぞれ $x\%$，$y\%$ として，食塩の量に着目して連立方程式をつくる。A，B に残っていた食塩水はそれぞれ $350-200=150$ (g)，$450-100=350$ (g) である。

[解答]　A，B に残っていた食塩水はそれぞれ $350-200=150$ (g)，$450-100=350$ (g) である。

A，B に入っていた食塩水の濃度をそれぞれ $x\%$，$y\%$ とし，食塩の量に着目して連立方程式をつくると，

$$\begin{cases} \dfrac{x}{100}\times 200+\dfrac{y}{100}\times 100=\dfrac{12}{100}(200+100) & \cdots\cdots ① \\ \dfrac{x}{100}\times 150+\dfrac{y}{100}\times 350=\dfrac{9.8}{100}(150+350) & \cdots\cdots ② \end{cases}$$

①より，$2x+y=36$　………③
②より，$3x+7y=98$　………④
③，④を連立させて解くと，$x=14$，$y=8$

(答)　A は 14％，B は 8％

演習問題

5　濃度 3％ の食塩水 400g と濃度 5％ の食塩水 xg をよくかき混ぜてから，水を 60g 蒸発させたら，濃度 4％ の食塩水ができた。

x の値を求めよ。

6　食塩水の入った 2 つの容器 A，B がある。A には濃度 5％ の食塩水 xg が入っている。B には濃度 2.5％ の食塩水 xg が入っている。A から食塩水 100g を取り出し，水 yg を加えたら，A の食塩水の濃度は 4.5％ になった。B から食塩水 yg を取り出し，水 325g を加えたら，B の食塩水の濃度は 2％ になった。

x と y の値をそれぞれ求めよ。

7 　薬品Xと薬品Yは2種類の原材料A，Bで製造される。薬品XはAとBを2：3の割合で，薬品YはAとBを3：1の割合で使用して製造する。ただし，製造過程で，原材料の質量は変化しないものとする。

(1) 薬品Xを10kg，薬品Yを28kg製造するには，原材料Aは全部で何kg必要か。

(2) 原材料Aを18kg，原材料Bを13kg残らずすべて使用すると，薬品Xと薬品Yはそれぞれ何kg製造できるか。

例題3　2次方程式の応用

濃度10％の食塩水100gが入ったビーカーAと，濃度15％の食塩水60gが入ったビーカーBがある。

(1) AとBに含まれる食塩の量は合わせて何gか。

(2) Aからxgの食塩水を取り出した後，Aに残された食塩水にBからxgの食塩水を加えて新しい食塩水をつくる。この新しい食塩水に含まれる食塩の量をxの式で表せ。

(3) (2)でつくられた新しい食塩水の入ったAから$2x$gの食塩水を取り出した後，Aに残された食塩水に$2x$gの水を加えたところ，Aの食塩水の濃度が6.6％になった。xの値を求めよ。

解説　(2) Aに残された食塩水に含まれる食塩の量，Bから加える食塩水に含まれる食塩の量は，それぞれ$\dfrac{10}{100}(100-x)$g，$\dfrac{15}{100}x$gである。

(3) (2)でつくられた新しい食塩水の入ったAから$2x$gの食塩水を取り出した後，Aに残された食塩水に含まれる食塩の量は，

$$\left[\left\{\dfrac{10}{100}(100-x)+\dfrac{15}{100}x\right\}\div 100 \times(100-2x)\right] \text{g である。}$$

解答　(1) 　$\dfrac{10}{100}\times 100 + \dfrac{15}{100}\times 60 = 10+9$
　　　　　　　　　　　$= 19\,(\text{g})$

　　　　　　　　　　　　　　　　　　　　　　　　　　（答）　19g

(2) Aからxgの食塩水を取り出した後，Aに残された食塩水$(100-x)$gに含まれる食塩の量，Bから加える食塩水xgに含まれる食塩の量は，

それぞれ$\dfrac{10}{100}(100-x)$g，$\dfrac{15}{100}x$gであるから，

$$\dfrac{10}{100}(100-x)+\dfrac{15}{100}x = \dfrac{1}{20}x+10 \qquad （答）\left(\dfrac{1}{20}x+10\right)\text{g}$$

(3) (2)でつくられた新しい食塩水 100 g の入った A から $2x$ g の食塩水を取り出した後，A に残された食塩水 $(100-2x)$ g に含まれる食塩の量は，
$$\left\{\left(\frac{1}{20}x+10\right)\div 100\times(100-2x)\right\}\text{g であるから，}$$
$$\left(\frac{1}{20}x+10\right)\div 100\times(100-2x)=\frac{6.6}{100}(100-2x+2x)$$
$$\left(\frac{1}{20}x+10\right)\left(1-\frac{1}{50}x\right)=6.6$$
これを整理すると，$x^2+150x-3400=0$　　　$(x+170)(x-20)=0$
$0<x<50$ であるから，$x=20$　　　　　　　　　　　　　　（答）$x=20$

参考 この問題のように，食塩水の出し入れがくり返される問題では，次のようにビーカー A の中の食塩水の量，濃度，食塩の量の変化を表に整理すると式がつくりやすい。

	食塩水の量(g)	濃度(％)	食塩の量(g)
はじめ	100	10	10
x g の食塩水を取り出した後	$100-x$	10	$10-\frac{1}{10}x$
B から x g の食塩水を加えた後	100	$10+\frac{1}{20}x$	$10+\frac{1}{20}x$
$2x$ g の食塩水を取り出した後	$100-2x$	$10+\frac{1}{20}x$	$\left(10+\frac{1}{20}x\right)\left(1-\frac{1}{50}x\right)$
$2x$ g の水を加えた後	100	$\left(10+\frac{1}{20}x\right)\left(1-\frac{1}{50}x\right)$	$\left(10+\frac{1}{20}x\right)\left(1-\frac{1}{50}x\right)$

演習問題

8 2つの容器 A，B に，濃度の異なる食塩水がそれぞれ 600 g，400 g 入っている。はじめに A から B へ食塩水を 200 g 移し，よくかき混ぜた後に B から A へ 200 g 戻してよく混ぜたら，A には 10％ の食塩水ができた。その後，A，B の食塩水をすべて混ぜ合わせたら，8.4％ の食塩水ができた。はじめに A，B に入っていた食塩水の濃度をそれぞれ求めよ。

9 6％ の食塩水が 300 g 入っている容器から x g の食塩水をくみ出し，そのかわりに x g の水を入れた。よくかき混ぜてから，また x g の食塩水をくみ出し，かわりに x g の水を入れた。このとき，容器の中に残っている食塩水に含まれる食塩の量は 8 g になった。

(1) はじめに x g の食塩水をくみ出した後の容器の中に残っている食塩水に含まれる食塩の量を x を用いた式で表せ。

(2) x の値を求めよ。

3 速さと時間(1)

人や乗り物の速さと時間，道のりの関係についての問題では，次の公式をもとに考える。

速さ・時間・道のり

分速 a m の速さで t 分間歩いたときに進んだ道のりを d m とすると，

$$d=at, \quad a=\frac{d}{t}, \quad t=\frac{d}{a}$$

が成り立つ。

> **参考** 右のような図をかくと，$d=at$，$a=\dfrac{d}{t}$，$t=\dfrac{d}{a}$ の公式を使うときの速さ (a)，時間 (t)，道のり (d) の乗法，除法の関係をおぼえやすい。

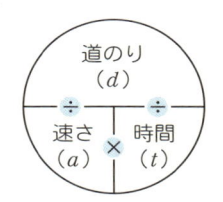

追い着く時間・出会う時間

A 君の速さを分速 a m，B 君の速さを分速 b m（$a<b$）とし，A 君と B 君が ℓ m 離れた位置にいるものとする。

(1) **追い着く時間**

A 君と B 君が同じ方向に進んでいるとき，B 君が A 君に追い着くまでにかかる時間は，

$$\frac{\ell}{b-a} \text{（分）}$$

である。

(2) **出会う時間**

A 君と B 君が反対方向に進んでいるとき，A 君と B 君が出会うまでにかかる時間は，

$$\frac{\ell}{a+b} \text{（分）}$$

である。

例題4　連立方程式の応用

由美さんは，スタート地点からA地点，B地点を経てゴール地点まで，全長3kmのコースを走った。スタート地点からA地点までは分速150mで8分間走り，A地点からB地点までは分速120mで走った。そして，B地点からゴール地点までは分速180mで走り，スタートしてからゴールするまで22分かかった。

(1) A地点からB地点までの道のりと，B地点からゴール地点までの道のりをそれぞれ求めよ。

(2) 翌日，由美さんは同じコースを走った。スタート地点からB地点までは一定の速さで走り，B地点からゴール地点までは分速180mで走って，スタートしてからゴールするまで22分かかった。スタート地点からB地点までを走った速さは分速何mか。

[解説] (1) A地点からB地点までの道のりをxm，B地点からゴール地点までの道のりをymとして，連立方程式をつくる。

(2) スタート地点からB地点まで前日走ったときの平均の速さを求めればよい。

[解答] (1) A地点からB地点までの道のりをxm，B地点からゴール地点までの道のりをymとすると，

$$\begin{cases} 150 \times 8 + x + y = 3000 \\ 8 + \dfrac{x}{120} + \dfrac{y}{180} = 22 \end{cases} \qquad \text{よって，} \begin{cases} x + y = 1800 \\ 3x + 2y = 5040 \end{cases}$$

これを解くと，$x = 1440$，$y = 360$

（答）A地点からB地点まで1440m
B地点からゴール地点まで360m

(2) B地点からゴール地点までの分速も，スタートしてからゴールするまでかかった時間も前日と同じであるから，スタート地点からB地点まで前日走ったときの平均の速さを求めればよい。スタート地点からA地点まで1200mを8分間で走り，A地点からB地点まで1440mを12分間で走ったから，

$$\dfrac{1200 + 1440}{8 + 12} = \dfrac{2640}{20} = 132 \, (\text{m})$$

（答）分速132m

演習問題

10 池のまわりに1周3300mの遊歩道がある。この遊歩道のP地点に太郎君と次郎君がいる。太郎君が分速60mで歩き始めてから10分後に，次郎君が太郎君と反対回りに歩き始めた。次郎君が歩き始めてから20分後に2人ははじめて出会った。このとき，次郎君の歩いた速さは分速何mか。

11 本屋と図書館の道の途中に駅がある。Aさんは本屋から駅まで自転車で行き，駅から図書館まで歩いていく。Bさんは同じ道を図書館から駅まで自転車で行き，駅から本屋まで歩いていく。Aさんが本屋を，Bさんが図書館を同時に出発したところ，10分後に出会った。そのとき，Aさんは歩いており，Bさんは自転車に乗っていた。また，Bさんが本屋に到着した8分後に，Aさんは図書館に到着した。

2人の自転車の速さは時速12km，歩く速さは時速4kmであるとき，次の問いに答えよ。

(1) 本屋から駅までの道のりを$x$km，駅から2人が出会ったところまでの道のりを$y$kmとして，xとyについての連立方程式をつくれ。

(2) (1)の連立方程式を解いて，本屋から図書館までの道のりを求めよ。

12 36km離れている2地点A，Bがある。裕太君はAを出発し，時速5kmでBへ向かった。直人君は裕太君と同時にBを出発し，一定の速さでAへ向かったところ，途中で裕太君とすれ違い，その5時間後にAに到着した。

2人がすれ違ったのは，同時に出発してから何時間後か。

例題5 　　1次関数の応用

Aさんの妹は家を出発し，一定の速さで歩いて図書館に向かった。Aさんは，妹に忘れ物を届けようと午後1時に家を出発し，妹の歩いた道を通って妹を追いかけた。Aさんは，家を出発してから分速140mで5分間走り，P地点に着いた。その後，P地点からQ地点まで分速90mで10分間歩き，Q地点から分速200mで7分間走り，妹が図書館に着く前に追い着いた。

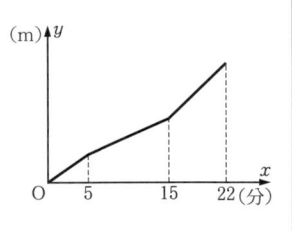

上の図は，Aさんが家を出発してからx分間で進んだ道のりをymとして，Aさんが家を出発してから妹に追い着くまでのxとyの関係をグラフに表したものである。

(1) xの変域が $15 \leq x \leq 22$ のとき，yをxの式で表せ。

(2) 妹がQ地点に着いたのは，Aさんが家を出発する6分前であった。妹がQ地点に着いたときに忘れ物に気づき，すぐにQ地点まで歩いた速さで同じ道を戻ったとするとき，Aさんが妹に出会う時刻を求めよ。

[解説] (1) 家からP地点までの道のりは，$140 \times 5 = 700$ (m)，P地点からQ地点までの道のりは，$90 \times 10 = 900$ (m) であるから，家からQ地点までの道のりは $700 + 900 = 1600$ (m) である。$15 \leqq x \leqq 22$ のときの式を $y = 200x + b$ とおいて，$x = 15$，$y = 1600$ を代入する。

(2) $x = 22$ のときの y の値を c とすると，妹は $22 + 6 = 28$ (分) 間で $(c - 1600)$ m 歩いたことになる。このことを利用して妹の歩く速さを求める。

[解答] (1) 家からP地点までの道のりは，$140 \times 5 = 700$ (m)，P地点からQ地点までの道のりは，$90 \times 10 = 900$ (m) であるから，家からQ地点までの道のりは $700 + 900 = 1600$ (m) である。

$15 \leqq x \leqq 22$ のときの式を $y = 200x + b$ とすると，

$x = 15$ のとき $y = 1600$ であるから，

$$1600 = 200 \times 15 + b$$

よって，$b = -1400$

ゆえに，$y = 200x - 1400$

(答) $y = 200x - 1400$

(2) (1)で求めた式に，$x = 22$ を代入すると，$y = 3000$ となる。

妹はAさんが家を出る6分前にQ地点を通過しているから，Aさんに追い着かれるまで $22 + 6 = 28$ (分) 間で $3000 - 1600 = 1400$ (m) 歩いたことになる。

よって，妹の歩く分速は，$\dfrac{1400}{28} = 50$ (m)

Aさんの進んだ道のりのグラフに，妹の歩いた道のり（家と妹の間の道のり）のグラフをかき加えると，右の図のようになる。妹がQ地点で忘れ物に気づきQ地点から戻ったとしたとき，AさんがP地点を通過してから t 分後に妹と出会うとすると，

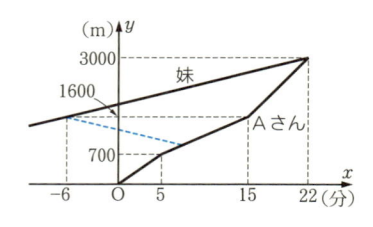

$$90t + 50(t + 5 + 6) = 1600 - 700$$

これを解くと，$t = 2.5$

ゆえに，Aさんが妹に出会う時刻は，午後1時7分30秒である。

(答) 午後1時7分30秒

[参考] (2) $5 \leqq x \leqq 15$ のときのAさんのグラフの式は，$y = 90x + d$ ………①

Q地点から戻る妹のグラフの式は，$y = -50x + e$ ………② と表される。

直線①は点 $(5, 700)$ を通るから，$d = 250$

直線②は点 $(-6, 1600)$ を通るから，$e = 1300$

よって，①，②はそれぞれ $y = 90x + 250$，$y = -50x + 1300$ となる。

これを連立させて解いて，$x = 7.5$ を求めてもよい。

演習問題

13 次郎君は，お父さんと妹の陽子さんとランニングをした。3人は同時に家を出発し，家から駅までの一直線の道路を往復した。

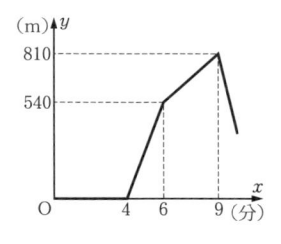

次郎君は途中で休むことなく，行きも帰りも毎分270mの速さで走り続けた。陽子さんも，次郎君より遅いが一定の速さで走り続けた。お父さんは，はじめのうちは次郎君と一緒に走ったが，陽子さんとの距離が開いたため次郎君を先に行かせ，立ち止まって陽子さんを待った。そして，陽子さんがお父さんに追い着いた後，お父さんは陽子さんの速さに合わせて2人で一緒に走った。

家を出発してからx分後の次郎君とお父さんとの間の距離をymとする。上の図は，xとyの関係を表したグラフの一部である。
(1) 家を出発してから4分後から6分後までのxとyの関係を式で表せ。
(2) 駅で折り返して家に向かう次郎君が，駅に向かうお父さんと陽子さんに出会うのは，家を出発してから何分何秒後か。

14 A君の家から博物館までの道の途中に郵便局がある。A君は家を出発し，毎分60mの速さで18分間歩いた後，毎分180mの速さで9分間走って博物館に到着した。右の図は，A君が家を出発してからx分後のA君がいる地点と家との間の道のりをymとして，xとyの関係をグラフで表したものである。 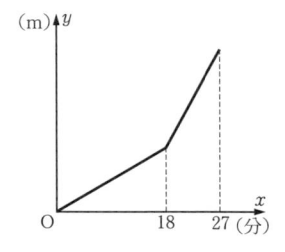
(1) $x=18$のときのyの値を求めよ。また，$18 \leqq x \leqq 27$のときのyをxの式で表せ。
(2) A君の妹は，A君が家を出発してから17分後に自転車で家を出発し，A君と同じ道を通り，一定の速さで博物館に向かった。妹はA君が郵便局の前を通過してから2分後に郵便局の前を通過し，A君と同時に博物館に到着した。家から郵便局の前までの道のりは何mか。

4 速さと時間（2）

複数の人や乗り物があり，それらがすれ違う地点や時刻を求める問題では，それぞれの速さを傾きとして時間と距離の関係をグラフ（直線）で表し，交点の座標を求めることがある。そのとき，次のような直線の式を求める公式をおぼえておくと便利である。

● 直線の式

傾きが m で点 (a, b) を通る直線の式は，

$$y - b = m(x - a)$$

2点 (a, b)，(c, d) を通る直線の式は，

$$y - b = \frac{d - b}{c - a}(x - a) \quad (ただし，a \neq c)$$

である。

この公式を使って，次の問題を解いてみよう。

右の図は，12km 離れた A 駅と B 駅の間を往復する 2 台のバスの運行のようすを表したグラフである。1 台は 9 時ちょうどに A 駅を出発，もう 1 台は 9 時 10 分に B 駅を出発し，どちらも A 駅と B 駅の間を 20 分間で走り，A 駅と B 駅でそれぞれ 10 分間停車する。

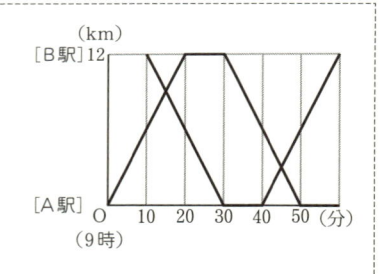

2 台のバスが出発してからはじめてすれ違う時刻と，はじめてすれ違う地点と A 駅の間の道のりを求めよ。

右の図のように，バスが 9 時に A 駅を出発してから x 分後の 2 台のバスが走っている地点と A 駅の間の道のりを y km として，x と y の関係をグラフで表し，直線①，②の式を求める。

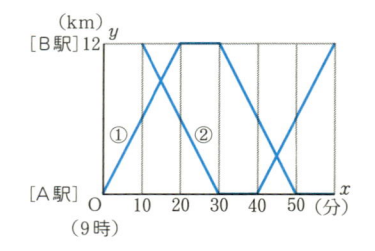

①は傾き $\dfrac{12}{20} = \dfrac{3}{5}$ で，原点を通るから，

$$y = \frac{3}{5}x \quad \cdots\cdots\cdots ①$$

②は傾き $-\dfrac{12}{20}=-\dfrac{3}{5}$ で，点 $(10,\ 12)$ を通るから，
$$y-12=-\dfrac{3}{5}(x-10) \qquad y=-\dfrac{3}{5}x+18 \ \cdots\cdots\cdots ②$$

①，②を連立させて解くと，$x=15$，$y=9$ であるから，2 台のバスが出発してからはじめてすれ違う時刻は 9 時 15 分で，はじめてすれ違う地点と A 駅の間の道のりは 9km だとわかる。

| 注意 | 前ページの図のような列車やバスの運行のようすを表したグラフを**ダイヤグラム**という。ダイヤグラムが与えられていないときは，自分でダイヤグラムをかくと，問題が理解しやすくなる。

例題6　連立方程式の応用

先生が 12 人の生徒を学校から 22km 離れた会場まで連れていく。先生の車には，生徒は一度に 6 人しか乗れないので，6 人だけ乗せて学校を車で出発し，残りの 6 人は歩いて会場に向かった。学校から x km の地点で 6 人を降ろし，その 6 人は歩いて会場に向かった。先生は車で学校の方へ引き返し，歩いて来ている残りの 6 人を学校から y km の地点で乗せ，再び会場に向かったところ，途中から歩いて会場に向かった 6 人と同時に会場に着いた。生徒の歩く速さを時速 5km，車の速さを時速 40km として，x，y の値を求めよ。

| 解説 | 6 人を降ろして学校に引き返す車が歩いている 6 人に出会うまでの時間と，2 組の生徒が学校を出発してから会場に着くまでにかかる時間をそれぞれ 2 通りで表し，連立方程式をつくる。

| 解答 | 6 人を降ろして学校に引き返す車が歩いている 6 人に出会うまでの時間を 2 通りで表すと，$\left(\dfrac{x}{40}+\dfrac{x-y}{40}\right)$ 時間，$\dfrac{y}{5}$ 時間となる。

よって，$\dfrac{x}{40}+\dfrac{x-y}{40}=\dfrac{y}{5}$
$$2x-9y=0 \ \cdots\cdots\cdots ①$$

2 組の生徒が学校を出発してから会場に着くまでの時間を 2 通りで表すと，
$\left(\dfrac{x}{40}+\dfrac{22-x}{5}\right)$ 時間，$\left(\dfrac{y}{5}+\dfrac{22-y}{40}\right)$ 時間となる。

よって，$\dfrac{x}{40}+\dfrac{22-x}{5}=\dfrac{y}{5}+\dfrac{22-y}{40}$
$$x+y=22 \ \cdots\cdots\cdots ②$$

①，②を連立させて解くと，$x=18$，$y=4$ 　　　　（答）$x=18$，$y=4$

演習問題

15 A君とB君がP地点を同時刻に出発し，同じ道を進んでQ地点を通り，目的地Rへ向かった。A君は車でQまで75分で移動し，Qから歩いてRに到着した。B君はオートバイでRに移動したところ，A君より50分早く到着した。

車の速さを時速 a km，オートバイの速さを時速 $\frac{3}{4}a$ km，歩く速さを時速 $\frac{1}{8}a$ km とし，それぞれの速さは一定のものとする。A君がPからRまでにかかった時間を x 時間とするとき，次の問いに答えよ。

(1) QR間の道のりを a，x を用いて表せ。
(2) x の値を求めよ。

16 ある鉄道では，4両編成の普通電車，10両編成の普通電車，6両編成の快速電車の3種類の電車が運行している。普通電車は毎秒15mの速さで走り，快速電車も一定の速さで走っている。普通電車も快速電車も1両の長さはすべて同じである。

快速電車が前方からくる4両編成の普通電車に出会ってからすれ違い終えるまでに3.6秒かかった。また，快速電車が10両編成の普通電車に追い着いてから完全に抜き終わるまでに14.4秒かかった。車両間の連結部分の長さは考えないものとする。

(1) 快速電車の速さを毎秒 x m，車両の1両の長さを y m として連立方程式をつくれ。
(2) x，y の値を求めよ。

17 周の長さが2kmの池があり，この池の周りを自転車で3周走った。1周目は時速16kmで走り，2周目は1周目の x %増しの速さで走り，3周目は2周目の $2x$ %減の速さで走った。そのため最後の1周にかかった時間は12分であった。

このとき，x の値を求めよ。ただし，$x>0$ とする。

例題7　1次関数の応用

20km 離れた P 駅，Q 駅間を結ぶ電車 A，電車 B および特急電車 C がある。通常，A は 6 時に P 駅を発車して Q 駅まで走り，B は 6 時 4 分に Q 駅を発車して P 駅まで走る。このとき，A と B は 6 時 12 分に出会う。また，C は P 駅から Q 駅まで走る。いずれの電車も速さは一定とし，A，B は同じ速さで，C はその 2 倍の速さで走るものとする。それぞれの電車の長さは考えないものとする。

(1) A，B の時速と，A が Q 駅に到着する時刻を求めよ。

(2) C は P 駅と Q 駅の間で A を追いこし，その 4 分後に B に出会う。C が P 駅を出発した時刻を求めよ。

(3) ある日，C は P 駅を 2 分遅れて発車したため，通常より速度を上げて一定の速さで Q 駅に向かったところ，Q 駅には通常と同時刻に到着した。このとき，A を追いこしてから B と出会うまでの時間は何分であったか。

解説 (1) A，B が出会うまでに走った時間はそれぞれ 12 分，8 分である。

(2) A，B，および C の運行のようすを表すグラフをかき，A，B の運行のようすを表すグラフの式を求める。

(3) C の運行のようすを表すグラフの式を求め，A，B の運行のようすを表すグラフとの交点を求める。

解答 (1) A，B は出会うまでにそれぞれ 12 分，8 分走っている。

　　A，B の分速を a km とすると，P 駅，Q 駅間は 20 km 離れているから，
　　　　$12a + 8a = 20$　　　よって，$a = 1$

　分速が 1 km であるから，時速は 60 km である。また，A が Q 駅に到着するのは P 駅を出発してから 20 分後である。

　　　　　　　　　　（答）　A，B の時速は 60 km
　　　　　　　　　　　　　　A が Q 駅に到着する時刻は 6 時 20 分

(2) 6 時 x 分に A，B，および C が P 駅から y km 離れた地点を走っているとして，x と y の関係をグラフで表すと右の図のようになる。

A の運行のようすを表すグラフの式は，傾きが 1 であるから，
　　　　$y = x$　………①

B の運行のようすを表すグラフの式は，傾きが -1 で点 $(4, 20)$ を通るから，
　　　　$y - 20 = -(x - 4)$　　　$y = -x + 24$　………②

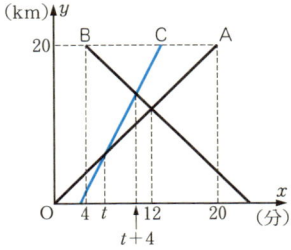

Cの分速は2kmであるから，CがAを追いこす時刻を6時t分とすると，その4分後に8km走ったところでBと出会う。

①に $x=t$ を代入すると，$y=t$

よって，点$(t+4, t+8)$が②上にあるから，
$$t+8=-(t+4)+24 \quad \text{これを解くと，} t=6$$

Cは6時6分にP駅から6km離れた地点を走っていることになるから，P駅を出発した時刻はその3分前，すなわち6時3分である。

(答) 6時3分

(3) Cは通常，分速2kmでP駅からQ駅まで20kmを10分間で走る。この日は2分遅れて6時5分に出発して8分間走ったことになるから，この日の分速は $\dfrac{20}{8}=\dfrac{5}{2}$（km）である。よって，この日のCの運行のようすを表すグラフの式は，傾きが $\dfrac{5}{2}$ で点$(5, 0)$を通るから，

$$y=\dfrac{5}{2}(x-5) \qquad y=\dfrac{5}{2}x-\dfrac{25}{2} \quad\cdots\cdots\cdots ③$$

①と③を連立させて解くと，$x=\dfrac{5}{2}x-\dfrac{25}{2} \qquad x=\dfrac{25}{3}$

②と③を連立させて解くと，$-x+24=\dfrac{5}{2}x-\dfrac{25}{2} \qquad x=\dfrac{73}{7}$

ゆえに，Aを追いこしてからBと出会うまでの時間は，

$$\dfrac{73}{7}-\dfrac{25}{3}=\dfrac{44}{21}\text{（分）}$$

(答) $\dfrac{44}{21}$ 分

演習問題

18 右の図は，16km離れたA駅とB駅の間の，9時から10時30分までの列車の運行のようすを示したグラフである。

(1) B駅を9時20分に出発する列車の速さと，その列車がA駅から来た列車に出会う時刻をそれぞれ求めよ。

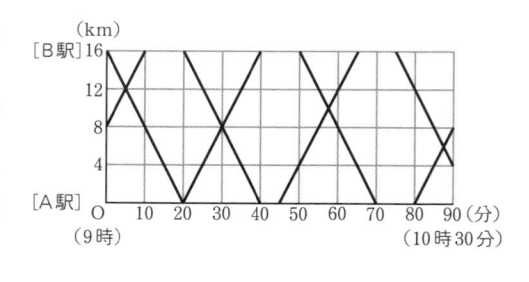

(2) 自転車で9時5分にA駅を出発し，線路沿いの道を時速12kmの一定の速さでB駅まで行くとき，B駅に着くまでにB駅から来る列車に何回出会うか。また，最初に出会う時刻とその出会う地点まで自転車で走った道のりを求めよ。

19★　A駅とB駅を結ぶ鉄道があり，そのちょうど中間地点にC駅がある。A駅を出発した列車はC駅に1分間停車し，A駅を出発してから9分後にB駅に到着する。B駅を出発した列車はC駅には停車せずに，B駅を出発してから8分後にA駅に到着する。ただし，どの列車も速さは一定であり，列車の長さは考えないものとする。

(1) A駅を8時5分に出発した列車と，B駅を8時10分に出発した列車がすれ違う時刻を求めよ。

(2) 太郎君は自転車でA駅からB駅まで線路に沿った道路を40分で走ることができる。太郎君はある時刻にA駅をB駅に向かって出発し，A駅を8時5分に出発した列車にC駅とB駅の間で追い抜かれた。さらに，その100秒後にB駅を8時10分に出発した列車とすれ違った。太郎君がA駅を出発した時刻を求めよ。ただし，太郎君は自転車で一定の速さで走るものとする。

20★　右の図のように，P駅はA駅とB駅のちょうど中間地点にあり，C駅はA駅とP駅の間にある。A駅を出発して時速 x km でB駅に向かう特急列車と，C駅を出発して時速 y km でB駅に向かう急行列車がある。2つの列車は8時にそれぞれA駅，C駅を出発した。

　このまま進めば2つの列車はP駅を同時に通過する予定だったが，特急列車がA駅とP駅の間を走っているとき，信号機故障により30分停車したため，同時にB駅に到着した。この結果，特急列車のA駅からB駅までの平均速度は通常の8割となってしまった。

　A駅とC駅，A駅とP駅の間の距離をそれぞれ 20 km, a km とするとき，a, x, y の値を求めよ。

5 速さと時間（3）

行列に並ぶ人の増減や水そうの給水，排水などについての問題では，次の公式をもとに考える。この項では，変化する速さや時間に関するさまざまな問題を解いてみよう。

● 行列に並ぶ人の増減

ある時刻に，チケットの販売窓口にすでに a 人並んでいて，この後も毎分 p 人ずつ列に並ぶ人が増え続ける。販売窓口を開けてチケットを販売すると，毎分 q 人（$q>p$）ずつに販売することができる。

このとき，チケットの販売を開始してから行列がなくなるまでの時間を t 分間とすると，
$a+pt=qt$ より，

$$(q-p)t=a$$

が成り立つ。

● 給水と排水

水そうに水が $a\,\mathrm{cm}^3$ 入っている。給水栓を開けると毎分 $p\,\mathrm{cm}^3$ の割合で水を入れることができる。また，排水口を開けると毎分 $q\,\mathrm{cm}^3$（$q>p$）の割合で排水することができる。

このとき，給水栓と排水口を同時に開けてから水そうが空になるまでの時間を t 分間とすると，
$a+pt=qt$ より，

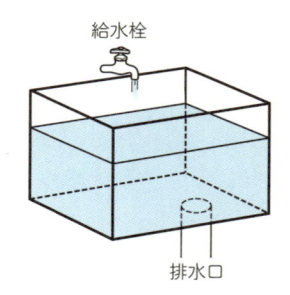

$$(q-p)t=a$$

が成り立つ。

例題8　1次方程式，連立方程式の応用

ある遊園地で，チケットを販売している窓口がある。窓口を1つだけ開けてチケットを売っていたところ15人の列ができたので，窓口を2つに増やしたが，3分後には全部で18人の列になってしまった。

(1) チケット売り場に1分間にやってくる人数をx人，1つの窓口で1分間にチケットを販売できる人数をy人としたとき，xとyの関係を式で表せ。

(2) この後，窓口を3つに増やしたところ，6分後には列がなくなった。xとyの値を求めよ。

(3) 窓口が1つで15人の列ができたときに，窓口を3つに増やしたら何分で列がなくなるか。

[解説]　(1) 15人の列ができてからの3分間で列に並ぶ人は$3x$人増え，2つの窓口でチケットを販売できる人数は，$2 \times 3y = 6y$（人）である。

(2) その後の6分間で列に並ぶ人は$6x$人増え，3つの窓口でチケットを販売できる人数は，$3 \times 6y = 18y$（人）である。

(3) 窓口を3つに増やしたらt分で列がなくなるとして，方程式をつくる。

[解答]　(1) 15人の列ができてからの3分間で，列に並ぶ人は$3x$人増え，2つの窓口でチケットを販売できる人数は $3 \times 2y = 6y$（人）であるから，
$$15 + 3x = 6y + 18$$
$$x = 2y + 1 \quad \cdots\cdots \text{①}$$

（答）　$x = 2y + 1$

(2) その後の6分間で列に並ぶ人は$6x$人増え，3つの窓口でチケットを販売できる人数は $6 \times 3y = 18y$（人）であるから，
$$18 + 6x = 18y$$
$$x = 3y - 3 \quad \cdots\cdots \text{②}$$

①，②を連立させて解くと，$x = 9$，$y = 4$

（答）　$x = 9$，$y = 4$

(3) 15人の列ができたときに，窓口を3つに増やしてからt分で列がなくなるとする。

チケット売り場に1分間にやってくる人数は9人，1つの窓口で1分間にチケットを販売できる人数は4人であるから，
$$15 + 9t = 3 \times 4t$$
これを解くと，$t = 5$

（答）　5分

演習問題

21 人間は食事によってエネルギーを取り入れ，運動，呼吸，体温調節などの活動を行うことで，取り入れたエネルギーを消費している。右の表は，ある日曜日の昼食後のAさんの活動と，その活動で消費される1分間当たりのエネルギー量をまとめたものである。また右の図は，昼食後 x 分間で上の表にある活動によって消費されたエネルギーの総量を y kcal として，x と y の関係をグラフで表したものである。

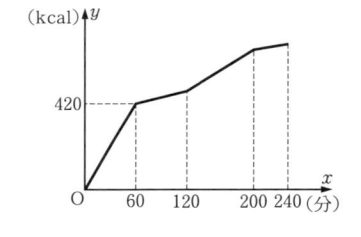

昼食後の経過時間（分）	活動	1分間当たりの消費エネルギー量（kcal）
0 ～ 60	ジョギング	7.0
60 ～ 120	音楽鑑賞	1.0
120 ～ 200	掃除	2.5
200 ～ 240	読書	1.0

(1) 次の □ に適当な数または式を書き入れよ。

$0 \leqq x \leqq 60$ のとき，y を x の式で表すと，$y = $ □(ア) となる。また，昼食後200分間で消費されたエネルギーの総量は □(イ) kcal となるので，$200 \leqq x \leqq 240$ のとき，y を x の式で表すと，$y = $ □(ウ) となる。Aさんがこの日取った昼食のエネルギーは 700 kcal だった。昼食後，消費されたエネルギーの総量がちょうど 700 kcal に達したのは昼食後 □(エ) 分のときだった。

(2) Aさんが，昼食後(1)と同じ □(エ) 分間でちょうど 700 kcal のエネルギーをジョギングと読書だけで消費するためには，ジョギングを何分間する必要があるか。図を利用して求めよ。

22 新発売のゲームソフトを買い求めるために，発売前から行列ができ，300人が並んでいた。1つの窓口で販売を開始したが，列は短くなることはなく毎分10人ずつ長くなっていった。そこで，30分後に販売窓口を3つに増やしたところ，それからちょうど2時間半後にやっと行列がなくなった。

1つの窓口で1分当たりに販売できる人数を求めよ。ただし，1つの窓口で1分当たりに販売できる人数と，1分当たりに行列に並ぶ人数はそれぞれ一定であるとする。

23 あるクラスで千羽鶴を折る。そのクラスの生徒 x 人が，1人当たり1時間につき y 羽のペースで折ると，2時間で N 羽折ることができる。また，折る人数を4人増やすと，1人当たり1時間に折る数を2羽減らしても，同じく2時間で N 羽折ることができる。

(1) y を x の式で表せ。

(2) x 人が1人当たり1時間につき y 羽のペースで折り始めた。ところが，1時間たったところで8人が帰ってしまった。そのため，折る人数が $(x-8)$ 人に減り，折るペースも1人当たり1時間につき6羽減って $(y-6)$ 羽になってしまい，N 羽折るのにさらに2時間かかった。このとき，x，y，N の値を求めよ。

例題9　1次関数の応用

底面の縦が60cm，横が90cmで，高さが50cmの直方体の形をした空の水そうがある。最初1分間に a cm³ の割合で水を入れ，何分かたった後に1分間に b cm³ の割合に変え，満水になるまで水を入れた。途中で水そうの水の深さを3回測定したところ，水を入れ始めてから9分後に8cm，21分後に20cm，42分後に48cmであった。

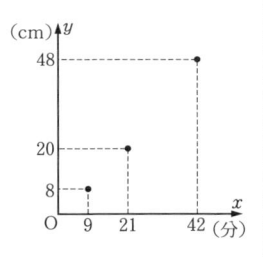

水を入れ始めてから x 分後の水の深さを y cm として，x と y の値の組を座標とする点を示すと上の図のようになった。

(1) 水を入れる割合を変えたのはいつか。次の(ア)～(エ)の中から正しいものを選び，記号で答えよ。

(ア) 1回目の測定より前

(イ) 1回目の測定より後で，2回目の測定より前

(ウ) 2回目の測定より後で，3回目の測定より前

(エ) 3回目の測定より後

(2) b の値を求めよ。

(3) 水を入れる割合を変えたのは，水を入れ始めてから何分後か。

解説 (1) 原点と点 $(9, 8)$，点 $(9, 8)$ と点 $(21, 20)$，点 $(21, 20)$ と点 $(42, 48)$ をそれぞれ結んだ直線の傾きを求め，どこで傾きが変化したかを調べる。

(2) (1)の結果を使うと，点 $(21, 20)$ と点 $(42, 48)$ を結んだ直線の傾きが，1分間に b cm³ の割合で水を入れているときに1分間に水面が高くなる割合である。

(3) 原点と点 $(9, 8)$，点 $(21, 20)$ と点 $(42, 48)$ をそれぞれ結んだ直線の交点を求める。

解答 (1) 原点と点 (9, 8), 点 (9, 8) と点 (21, 20), 点 (21, 20) と点 (42, 48) をそれぞれ結んだ直線の傾きは, 順に,

$$\frac{8}{9}, \quad \frac{20-8}{21-9}=1, \quad \frac{48-20}{42-21}=\frac{4}{3}$$

である。
水を入れる割合は一度しか変えていないから, x と y の関係を表すグラフの傾きも一度しか変わらない。
よって, 水を入れる割合を変えたのは点 (9, 8) と点 (21, 20) の間, すなわち, 1 回目の測定と 2 回目の測定の間である。

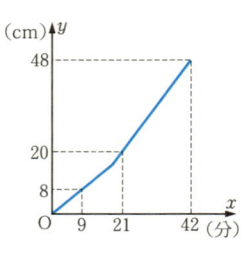

(答) (イ)

(2) (1)の結果を使うと, 点 (21, 20) と点 (42, 48) を結んだ直線の傾きは $\frac{4}{3}$ であるから, 1 分間に $b \, cm^3$ の割合で水を入れているとき, 水面は 1 分間に $\frac{4}{3}$ cm の割合で高くなっている。

ゆえに, $b = 60 \times 90 \times \frac{4}{3} = 7200$

(答) $b = 7200$

(3) 原点と点 (9, 8) を結んだ直線の式は,

$$y = \frac{8}{9}x \quad \cdots\cdots\cdots ①$$

点 (21, 20) と点 (42, 48) を結んだ直線の式は,

$$y - 20 = \frac{4}{3}(x - 21) \qquad y = \frac{4}{3}x - 8 \quad \cdots\cdots\cdots ②$$

①, ②を連立させて解くと,

$$\frac{8}{9}x = \frac{4}{3}x - 8$$

ゆえに, $x = 18$

(答) 18 分後

演習問題

24 2 つのポンプ A, B があり, これら 2 つのポンプを 20 分間同時に用いると, 350 L の水をくみ出せる。ある水そういっぱいに水が満たされており, この水そうの中のすべての水をくみ出すとき, ポンプ A だけでは 40 分かかり, ポンプ B だけでは 30 分かかる。
この水そうの容量は何 L か。

25 図1のように，縦40cm，横30cm，高さ40cmの直方体の形をした水そうA，Bがある。水そうAは空で，内部は底面に垂直で側面に平行な高さ$a$cm（$0<a<40$）の仕切り板で区切られており，区切られた底面のうち広い方の部分を底面Pとする。また，水そうBは水面の高さ10cmまで水が入っている。

この状態から，図2のように，水そうAには底面Pの真上から毎分800cm^{3}の割合で，水そうBには毎分$b$cm^{3}の割合で，それぞれ同時に水を入れ始めたところ，60分後に同時に満水になった。図3は，水そうAに水を入れ始めてからの時間と，水そうの底から一番高い水面までの高さとの関係をグラフに表したものである。

容器の厚さおよび仕切り板の厚さは考えないものとし，水そうAについては，底面P上の水面が仕切り板の高さまで上昇すると，水があふれ出て仕切り板の反対側に入るものとする。

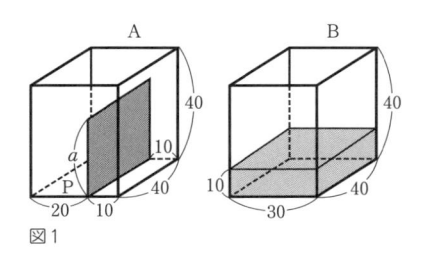

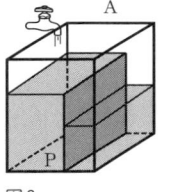

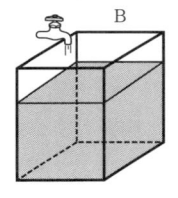

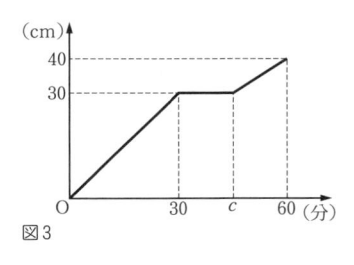

(1) 水そうAについて，図3のグラフを見て，次の問いに答えよ。
　(i) 仕切り板の高さaの値を求めよ。
　(ii) 図3のグラフの中の時間cの値を求めよ。
(2) 水そうBについて，水を入れ始めてからx分後の水そうの底から水面までの高さを$y$cmとするとき，次の問いに答えよ。
　(i) bの値を求めよ。　　　　　(ii) yをxの式で表せ。
(3) 水を入れ始めてから満水になるまでの間に，水そうAの底から一番高い水面までの高さと，水そうBの底から水面までの高さが等しくなるのは何分後か。すべて求めよ。

26 右の図のように,排水管 a, b のついたタンクがあり,それぞれの排水管の下には容器 A,B が置いてある。2 つの排水管は閉じており,タンクには水が 140 m³ 入っている。また,2 つの容器には水が入っていない。

最初に排水管 a だけを開けて,しばらくしてから排水管 b を開けた。タンクが空になったとき,2 つの容器から水があふれておらず,たまった水の量は同じであった。排水管 a からは毎分 5 m³,b からは毎分 7 m³ の割合で排水されるとき,次の問いに答えよ。

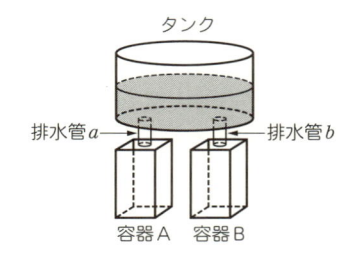

(1) 排水管 a を開けてから x 分後のタンクの水の量を y m³ とする。排水管 a を開けてからタンクが空になるまでの x と y の関係を表すグラフをかけ。

(2) タンクの水の量が 60 m³ になったときの容器 A の水の量は何 m³ か。

コラム ニュートン算の語源は何？

お客が次々に並んでくる窓口でチケットを販売したり,水そうに給水する一方で同時に排水したりするように,ある量が一方では増え,また一方では減るような状況で解く問題をニュートン算と呼びますが,なぜニュートン算と呼ぶのでしょうか。

実は,このニュートン算の出典は,あの有名なニュートン(1642〜1727)の『Arithmetica Universalis』(1707)にある次の記述です。

> a 頭の牛は,b 個の牧草地を c 日で食べつくす。
> d 頭の牛は,e 個の牧草地を f 日で食べつくす。
> g 個の牧草地を h 日で食べつくすためには,牛が何頭いればよいか。
> ただし,それぞれの牧草地の牧草の 1 日の成長量は一定で,それぞれの牛が 1 日に食べる牧草の量も一定であるとする。

牧草がどんどん成長していく一方で,牛がその牧草を食べて減らしていく。これが,ニュートン算の語源です。参考までに,上の問題の答えは,$\dfrac{bdfgh - acegh - bcdfg + acefg}{befh - bceh}$ 頭です。

6 四角形の周上を動く点と図形の面積

この項では，四角形の周上を動く点があるときに，この点と四角形の頂点とでつくられる三角形の面積などの問題をとりあげる。点が出発してから x 秒後の三角形の面積を $y\,\mathrm{cm}^2$ として，x と y の関係式を求めるときには，下の問題のように，x の変域によって三角形の底辺の長さや高さが変わることに注意する。

四角形の周上を動く点と図形の面積

次の問題を解いてみよう。

> 右の図のように，縦 6 cm，横 8 cm の長方形 ABCD がある。点 P が頂点 A を出発して，この長方形の周上を頂点 B, C を通って頂点 D まで，毎秒 1 cm の速さで動くとき，点 P が出発してから x 秒後の △APD の面積を $y\,\mathrm{cm}^2$ として，y を x の式で表せ。また，x と y の関係を表すグラフをかけ。

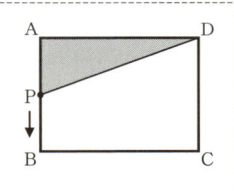

点 P が，(i) 辺 AB 上にあるとき，(ii) 辺 BC 上にあるとき，(iii) 辺 CD 上にあるとき，△APD はそれぞれ右の図のようになる。

それぞれの場合の x の変域を求め，△APD の底辺の長さと高さを求めて，y を x の式で表すと，次のようになる。

(i) $0 \leqq x \leqq 6$ のとき，
$$y = \frac{1}{2} \times 8 \times x = 4x$$

(ii) $6 \leqq x \leqq 14$ のとき，
$$y = \frac{1}{2} \times 8 \times 6 = 24$$

(iii) $14 \leqq x \leqq 20$ のとき，
$$y = \frac{1}{2} \times 8 \times (20-x)$$
$$= -4x + 80$$

このとき，x と y の関係をグラフで表すと，右の図のようになる。

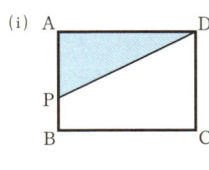

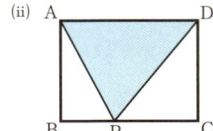

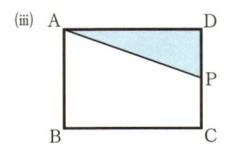

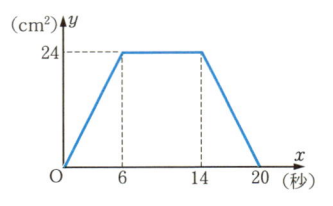

例題10　2次関数の応用

右の図のような長方形 ABCD がある。辺 AB，辺 BC の長さはそれぞれ 6cm，9cm である。2点 P，Q は点 A を同時に出発して，長方形 ABCD の周上を点 P は秒速 2cm で A→B→C→… と反時計回りに動き，点 Q は秒速 1cm で A→D→… と時計回りに動き，点 P と点 Q は出会うと止まる。

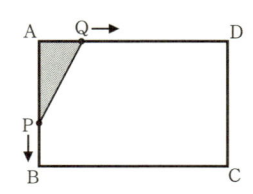

点 P，Q が点 A を出発してから x 秒後の △APQ の面積を y cm^2 とするとき，次の問いに答えよ。

(1) 辺 AB 上に点 P があるとき，y を x の式で表せ。
(2) 点 P と点 Q が出会うのは点 A を出発してから何秒後か。
(3) 辺 CD 上に点 P があり，辺 AD 上に点 Q があるとき，y を x の式で表せ。
(4) $y=20$ となる x の値をすべて求めよ。

[解説] (1) 辺 AB 上に点 P があるとき，x の変域は $0 \leq x \leq 3$ で，AP$=2x$cm，AQ$=x$cm である。

(2) 点 P と点 Q が点 A を出発してから t 秒後に出会うとすると，出会うまでに点 P は $2t$cm，点 Q は $t$cm 動いている。

(3) 辺 CD 上に点 P があり，辺 AD 上に点 Q があるとき，x の変域は $\dfrac{15}{2} \leq x \leq 9$ で，PD$=(21-2x)$cm，AQ$=x$cm である。

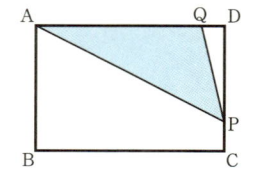

(4) 点 P が点 B に到着したとき $y=\dfrac{1}{2}\times 3\times 6=9$，点 C に到着したとき $y=\dfrac{1}{2}\times\dfrac{15}{2}\times 6=\dfrac{45}{2}$

また，点 Q が点 D に到着したとき $y=\dfrac{1}{2}\times 9\times 3=\dfrac{27}{2}$ であるから，$y=20$ となるのは，点 P が辺 BC 上にあるときと，点 P が辺 CD 上にあり，点 Q が辺 AD 上にあるときの2回である。

[解答] (1) 辺 AB 上に点 P があるとき，x の変域は $0 \leq x \leq 3$ で，AP$=2x$cm，AQ$=x$cm であるから，
$$y=\dfrac{1}{2}\times 2x \times x = x^2$$

（答）　$y=x^2$　$(0 \leq x \leq 3)$

(2) 点Pと点Qが点Aを出発してからt秒後に出会うとすると，出会うまでに点Pは$2t$cm，点Qは$t$cm動いているから，
$$2t+t=(6+9)\times 2 \qquad t=10$$

(答) 10秒後

(3) 辺CD上に点Pがあり，辺AD上に点Qがあるとき，xの変域は$\frac{15}{2}\leqq x\leqq 9$で，PD=$(21-2x)$cm，AQ=$x$cmであるから，
$$y=\frac{1}{2}\times x\times(21-2x)=-x^2+\frac{21}{2}x$$

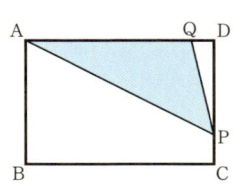

(答) $y=-x^2+\frac{21}{2}x \quad \left(\frac{15}{2}\leqq x\leqq 9\right)$

(4) 点Pが点Bに到着したとき$x=3$，$y=\frac{1}{2}\times 3\times 6=9$で，

点Cに到着したとき$x=\frac{15}{2}$，$y=\frac{1}{2}\times\frac{15}{2}\times 6=\frac{45}{2}$である。

また，点Qが点Dに到着したとき$x=9$，$y=\frac{1}{2}\times 9\times 3=\frac{27}{2}$である。

よって，$y=20$となるのは，(i)点Pが辺BC上にあるときと，(ii)点Pが辺CD上にあり，点Qが辺AD上にあるときの2回である。

(i) 点Pが辺BC上にあるとき，$3\leqq x\leqq\frac{15}{2}$で，
$$y=\frac{1}{2}\times x\times 6=3x$$
$3x=20$より，$x=\frac{20}{3}$

(ii) 点Pが辺CD上にあり，点Qが辺AD上にあるとき，$\frac{15}{2}\leqq x\leqq 9$で，
$$y=-x^2+\frac{21}{2}x$$
$-x^2+\frac{21}{2}x=20$より，$2x^2-21x+40=0$

これを解くと，$x=\frac{5}{2}$，8　　$\frac{15}{2}\leqq x\leqq 9$であるから，$x=8$

ゆえに，$x=\frac{20}{3}$，8

(答) $x=\frac{20}{3}$，8

参考 この問題において，2点P，Qが点Aを同時に出発してから出会うまでのxとyの関係をまとめると，次のようになる。

$0 \leq x \leq 3$ のとき，$y = x^2$

$3 \leq x \leq \dfrac{15}{2}$ のとき，$y = 3x$

$\dfrac{15}{2} \leq x \leq 9$ のとき，$y = -x^2 + \dfrac{21}{2}x$ ……(*)

$9 \leq x \leq 10$ のとき，$y = -\dfrac{27}{2}x + 135$

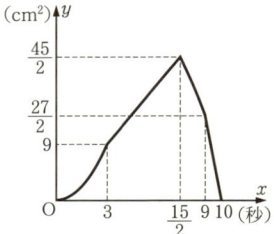

(*)のグラフのかき方は高校で習うが，点$\left(\dfrac{21}{4}, \dfrac{441}{16}\right)$を頂点とする上に凸の放物線である。よって，$0 \leq x \leq 10$ の範囲で，xとyの関係を表すグラフは上の図のようになる。

演習問題

27 図1のように，AB=12cm，BC=8cm，CD=6cm，DA=10cm，∠B=∠C=90°の四角形ABCDがあり，辺ABの中点をMとする。点PはMを出発し，毎秒1cmの速さで四角形ABCDの周上をB，C，D，Aの順に通って進み，Mに到着したところで停止する。

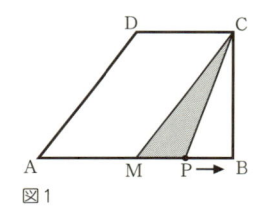

点PがMを出発してからx秒後の△CMPの面積を$y$cm^{2}とする。ただし，点PがM，Cにあるときは$y=0$とする。図2は，点PがMを出発してからDに進むまでのxとyの関係をグラフに表したものである。

(1) 点PがMを出発してから3秒後と9秒後の，△CMPの面積をそれぞれ求めよ。

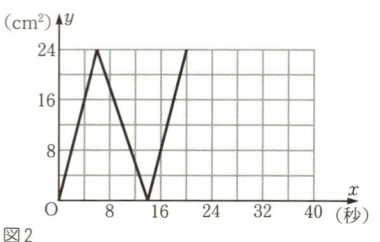

(2) 図2のグラフにおいて，xの変域が$6 \leq x \leq 14$ であるとき，yをxの式で表せ。

(3) 点Pが辺CD上にあり，△CMPの面積が10cm^{2}になるのは，点PがMを出発してから何秒後か。

(4) 点PがDからAを通りMに到達するまでのxとyの関係を表すグラフを，図2にかき加えよ。

28 図1のように，AD＝12cm，DC＝6cm の長方形 ABCD がある。点 P は A を出発し毎秒 1cm の速さで，点 Q は B を出発し毎秒 2cm の速さで，点 R は D を出発し毎秒 2cm の速さで，それぞれ長方形の周上を反時計回りに移動する。点 P，Q，R が同時に出発してから x 秒後の △PQR の面積を y cm² として，次の問いに答えよ。

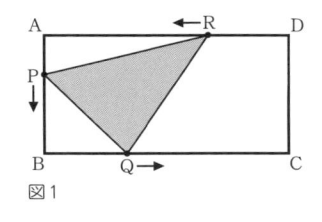

図1

(1) 点 P が辺 AB 上にあるとき，y を x の式で表せ。

(2) 点 P が A を出発してから 8 秒後の △PQR の面積を求めよ。

(3) $9 \leqq x \leqq 15$ のとき，x と y の関係を表すグラフを図2にかき入れよ。

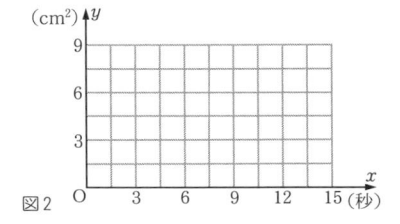

図2

29 図1のように，長方形 ABCD と長方形 DEFG を組み合わせた L 字型の図形 ABCEFG があり，AB＝1cm，AD＝4cm，DE＝3cm，DG＝4cm である。また，PQ＝10cm，QR＝6cm の長方形 PQRS がある。これらの2つの図形の辺 AG，PQ は直線 ℓ 上にあり，点 A と点 P は重なっている。この状態から，長方形 PQRS を固定し，L 字型の図形を直線 ℓ に沿って矢印の方向に秒速 1cm で移動させ，点 A が点 Q と重なったときに停止させる。

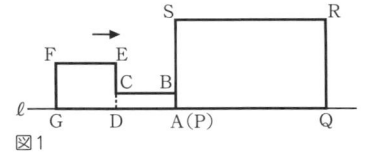

図1

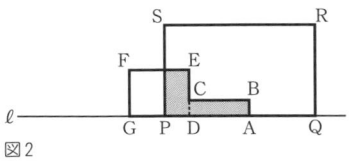

図2

図2は，L 字型の図形が途中まで移動したようすを表したものである。移動を始めてから x 秒後に2つの図形が重なる部分の面積を y cm² とする。

(1) 2つの図形が重なる部分の面積が L 字型の図形 ABCEFG の面積の $\dfrac{1}{2}$ となるのは，移動を始めてから何秒後か。

(2) 移動を始めてから停止するまでの x と y の関係を表すグラフを，図3にかけ。

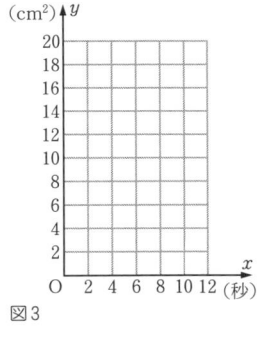

図3

7 円周上を動く点と図形の面積・時計算

この項では，円周上を点が動いたときにできる図形や時計についての問題をとりあげる。はじめに，扇形の弧の長さと面積についての公式と，時計算を解くときの考え方をまとめておこう。

● 扇形の弧の長さと面積

右の図のような，半径 r，中心角 $a°$ の扇形 OAB の弧の長さを ℓ，面積を S とすると，

$$\ell = 2\pi r \times \frac{a}{360}, \qquad S = \pi r^2 \times \frac{a}{360}, \qquad S = \frac{1}{2}\ell r$$

が成り立つ。

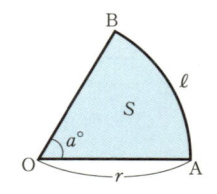

● 時計算

次の問題を解いてみよう。

> 2 時と 3 時の間で，短針と長針が重なる時刻，短針と長針のつくる角が $180°$ となる時刻をそれぞれ求めよ。

時計の短針は 1 時間に $30°$ 回転するから，1 分間では $0.5°$ 回転する。また，長針は 1 時間に $360°$ 回転するから，1 分間では $6°$ 回転する。

短針と長針が重なる時刻を 2 時 x 分とすると，

$$6x = 60 + 0.5x \qquad x = \frac{120}{11} = 10\frac{10}{11}$$

短針と長針のつくる角が $180°$ となる時刻を 2 時 y 分とすると，

$$6y = 60 + 0.5y + 180 \qquad y = \frac{480}{11} = 43\frac{7}{11}$$

したがって，短針と長針が重なる時刻は 2 時 $10\frac{10}{11}$ 分，短針と長針のつくる角が $180°$ となる時刻は 2 時 $43\frac{7}{11}$ 分だとわかる。

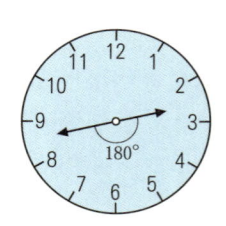

例題11　1次関数の応用

右の図のように，平面上に半径がそれぞれ 4cm と 5cm の同心円がある。点 P が半径 4cm の円上を時計回りに，点 Q が半径 5cm の円上を反時計回りに，それぞれ一定の速さで回転する。点 P は 1 秒間に 5°，点 Q は 1 秒間に 4°回転するものとする。

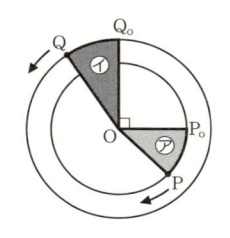

同心円の中心を O とし，∠POQ＝90°の状態から，2 点 P，Q が同時に出発し，これらの出発点をそれぞれ P_0，Q_0 とする。また，出発してからの時間を t 秒とし，2 点 P，Q は 60 秒間回転を続けるものとする。

この平面上で，線分 OP が動いた扇形を⑦，線分 OQ が動いた扇形を④とする。そして，⑦と④が重なる部分を⑨とする。ここで，⑦の部分と④の部分の面積の和を S cm² とする（⑨の部分はこの面積 S に含めない）とき，次の問いに答えよ。

(1) $t=30$，60 のときの S の値をそれぞれ求めよ。
(2) 横軸を t，縦軸を S として，$0 \leq t \leq 60$ のときの t と S の関係を表すグラフをかけ。また，$0 \leq t \leq 60$ において，$S=8\pi$ となるときは何回あるか。

[解説] (1) $t=30$ のとき，点 P は $5 \times 30 = 150°$，点 Q は $4 \times 30 = 120°$ 回転し，⑨の部分はない。$t=60$ のとき，点 P は $5 \times 60 = 300°$，点 Q は $4 \times 60 = 240°$ 回転し，⑨の部分の中心角は 240° である。

(2) 点 P が 270° 回転するのは $t=270 \div 5 = 54$ のときであるから，$0 \leq t \leq 30$，$30 \leq t \leq 54$，$54 \leq t \leq 60$ の 3 通りの場合のそれぞれについて，S を t の式で表す。

[解答] (1) $t=30$ のとき，

点 P は $5 \times 30 = 150°$，点 Q は $4 \times 30 = 120°$ 回転し，図1のように⑨の部分はないから，

$$S = 4^2 \pi \times \frac{150}{360} + 5^2 \pi \times \frac{120}{360}$$

$$= 15\pi$$

また，$t=60$ のとき，

点 P は $5 \times 60 = 300°$，点 Q は $4 \times 60 = 240°$ 回転し，次ページの図2のように⑨の部分の中心角は 240° であるから，

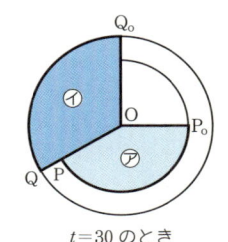

図1　$t=30$ のとき

7―円周上を動く点と図形の面積・時計算　81

$$S=4^2\pi\times\frac{300}{360}+5^2\pi\times\frac{240}{360}-4^2\pi\times\frac{240}{360}\times2$$
$$=\frac{26}{3}\pi$$

（答）　$t=30$ のとき，$S=15\pi$

　　　　$t=60$ のとき，$S=\dfrac{26}{3}\pi$

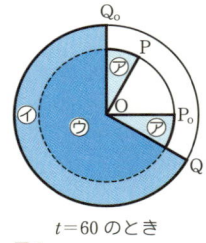

図2　$t=60$ のとき

(2)　点 P が 270° 回転するのは，$t=270\div5=54$ のときである。

$0\leqq t\leqq30$ のとき，

点 P は $5t°$，点 Q は $4t°$ 回転し，⑦の部分はないから，

$$S=4^2\pi\times\frac{5t}{360}+5^2\pi\times\frac{4t}{360}=\frac{1}{2}\pi t$$

$30\leqq t\leqq54$ のとき，

⑦の部分の中心角は $(4+5)(t-30)=9(t-30)°$ であるから，

$$S=4^2\pi\times\frac{5t}{360}+5^2\pi\times\frac{4t}{360}-4^2\pi\times\frac{9(t-30)}{360}\times2=-\frac{3}{10}\pi t+24\pi$$

$54\leqq t\leqq60$ のとき，

⑦の部分の中心角は $4t°$ であるから，

$$S=4^2\pi\times\frac{5t}{360}+5^2\pi\times\frac{4t}{360}-4^2\pi\times\frac{4t}{360}\times2=\frac{13}{90}\pi t$$

以上のことから，t と S の関係を表すグラフは，右の図のようになる。

$\dfrac{39}{5}\pi<8\pi<\dfrac{26}{3}\pi$ であるから，

$0\leqq t\leqq60$ において，$S=8\pi$ となるときは3回ある。

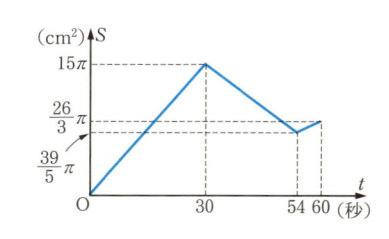

（答）　右の図，3回

■ポイント

　この問題の(2)を解くときのポイントは，(1)の $t=30$，60 のときの S の値の求め方をヒントにして，$0\leqq t\leqq30$，$30\leqq t\leqq54$，$54\leqq t\leqq60$ の3つの場合に分けて，S を t の式で表すことである。とくに，⑦の部分の中心角に着目して，$t=54$ でも場合分けすることである。

　実際に S を求めるときには，扇形⑦と④の半径が異なることに注意して，

$S=\{(⑦\text{の面積})-(⑦\text{の面積})\}+\{(④\text{の面積})-(⑦\text{の面積})\}$

　　$=(⑦\text{の面積})+(④\text{の面積})-(⑦\text{の面積})\times2$

であることを使って計算すると求めやすい。

演習問題

30 A君は午前6時前に時計を見て自宅を出た。午後9時過ぎに帰宅して時計を見ると，長針と短針の位置がちょうど入れ替わっていた。A君が家を出た時刻を午前5時x分とするとき，次の問いに答えよ。 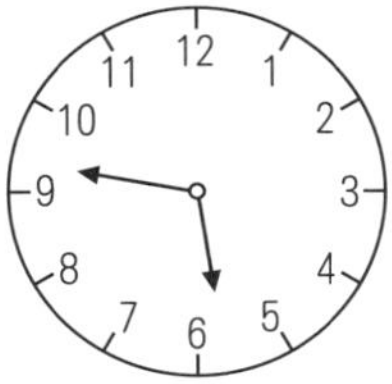
(1) A君が帰宅した時刻を午後9時y分とするとき，xとyについての連立方程式をつくれ。
(2) xの値を求めよ。

31 裕太君は観覧車に設置されているゴンドラ（人が乗車する部分）が移動するようすに興味をもち，図1，図2のような模式図をかいて考えてみた。図1の1から18までの数字は，それぞれゴンドラの1号車，2号車，……，17号車，18号車を表し，円Oの周上にあって，円周を18等分している点である。Pは円Oの外側にある点であり，Aは線分OPと円Oとの交点である。ℓは，Pを通り線分OPに垂直な直線であって，円Oと同じ平面上にある。

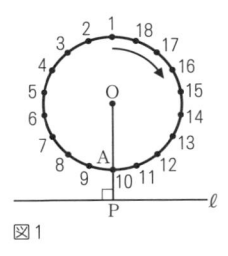

円Oは，Oを中心として一定の速度で時計回りに回転し，1号車がAに到着してから40秒後に2号車がはじめてAに到着し，その後，40秒ごとに3号車，4号車，……，17号車，18号車が順にAに到着する。18号車がAに到着してから40秒後に1号車はAに到着する。1号車がはじめにAに到着したときからのAに到着したゴンドラを表す点の個数をxとし，x個の点がAに到着するときにかかる時間をy秒とする。また，$x=1$のとき$y=0$である。xを自然数として，次の問いに答えよ。
(1) yをxの式で表せ。また，$y=1000$となるときのxの値を求めよ。
(2) 1号車に乗った裕太君は，別のゴンドラに乗った直人君と同じ高さになるときがあることに気づいた。図2は，1号車がAを出発してから一周する間にk号車（kは2から18までの自然数）がAを出発し，k号車がAを出発してからt秒後にはじめて「1号車とℓとの距離」と「k号車とℓとの距離」が等しくなったときの状態を示している。このとき，tをkの式で表せ。

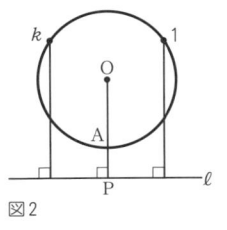

32 * 図1のように，半径の長さが10で中心角の大きさが60°の扇形OABがある。2点P, Qは，はじめに点Oにあり，点Rは，はじめに点Aにある。3点P, Q, Rはこの扇形OABの周上を次のように動く。

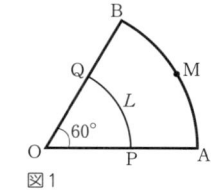

① 点Pは点Oを出発して毎秒1の速さで線分OA上を点Aまで進むと，$\overset{\frown}{AB}$上を点Bの方向へ同じ速さで進む。

② 点Qは点Pと同時に点Oを出発して毎秒1の速さで線分OB上を点Bまで進むと，$\overset{\frown}{AB}$上を点Aの方向へ同じ速さで進む。

③ 2点P, Qは$\overset{\frown}{AB}$の中点Mまで進むとそこで停止する。

④ 点Rは点Pが点Oを出発してしばらくしてから点Aを出発し，$\overset{\frown}{AB}$上を一定の速さで点Bまで進むとそこで停止する。

点Oを中心とし点Pを通る円のうち，扇形OABの周または内部にある部分をLとする。また，点Pが点Oを出発してからx秒後の2つの線分OP, OQおよびLで囲まれた部分の面積をS，扇形OARの面積をTとする。ただし，点Pが点Oまたは点Mにあるときは$S=0$，点Rが点Aにあるときは$T=0$とする。

(1) 点Pが点Oを出発してから点Mに達するまでについて，Sをxの式で表し，図2にグラフをかけ。

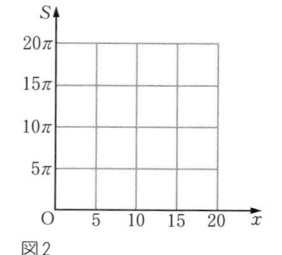

(2) $x=3$ のときと $x=9$ のときに $S=T$ となった。

(i) 点Rが動いていたのは，点Pが動き始めてから何秒後から何秒後までか。

(ii) $x>9$ のとき，$S=T$ となるxの値を求めよ。

4章 総合問題

1 自然数についての問題

● 自然数についての問題

この項では，自然数に関する応用問題をとりあげる。自然数の性質や中学で学習するさまざまな公式を利用して，問題の解き方を考えよう。

例題1★　連立方程式の応用，式の計算

次の問いに答えよ。

(1) 等式 $6^2+8^2+17^2+x^2=5^2+9^2+18^2+y^2$ を満たす自然数 $x,\ y$ を求めよ。

(2) (1)の等式のように，左辺と右辺がそれぞれ4つの平方数の和で表される等式を考える。$a+b=c+d$ のとき，次の □ に，$a,\ b,\ n$ を用いた最も適切な式を入れよ。
$$a^2+b^2+(c+n)^2+(d+n)^2=(\boxed{\ (ア)\ })^2+(\boxed{\ (イ)\ })^2+c^2+d^2$$

(3) (2)を利用して，等式 $24^2+27^2+29^2+30^2=p^2+q^2+r^2+s^2$ を満たす自然数 $p,\ q,\ r,\ s$ を求めよ。ただし，$24<p<q<r<s$ とする。

解説　(1) $x^2-y^2=5^2+9^2+18^2-6^2-8^2-17^2=(5^2-6^2)+(9^2-8^2)+(18^2-17^2)$ として，$(x+y)(x-y)$ の値を求める。$5^2-6^2=(5+6)(5-6)=11\times(-1)$ のように計算すると，計算が簡単になる。

(2) $a^2+b^2+(c+n)^2+(d+n)^2$ を展開した後，$c+d=a+b$ であることを利用して，$a,\ b$ について整理する。

(3) $a=24,\ b=27,\ c+n=29,\ d+n=30$ として，$a+b=c+d=51$ より，n を求める。

解答　(1) $6^2+8^2+17^2+x^2=5^2+9^2+18^2+y^2$ より，
$$\begin{aligned}x^2-y^2&=5^2+9^2+18^2-6^2-8^2-17^2\\&=(5^2-6^2)+(9^2-8^2)+(18^2-17^2)\\&=(5+6)(5-6)+(9+8)(9-8)+(18+17)(18-17)\\&=-11+17+35=41\end{aligned}$$

よって，$(x+y)(x-y)=41$

$x,\ y$ は自然数であるから，$x+y,\ x-y$ も自然数で，$x+y>x-y$ である。

よって，$x+y=41,\ x-y=1$

これを解くと，$x=21,\ y=20$　　　　　　　　　　（答）$x=21,\ y=20$

(2) $a^2+b^2+(c+n)^2+(d+n)^2=a^2+b^2+c^2+2cn+n^2+d^2+2dn+n^2$
$\qquad\qquad\qquad\qquad\quad =a^2+b^2+c^2+d^2+2(c+d)n+2n^2$

$c+d=a+b$ であるから，
$a^2+b^2+c^2+d^2+2(c+d)n+2n^2=a^2+b^2+c^2+d^2+2(a+b)n+2n^2$
$\qquad\qquad\qquad\qquad\qquad\qquad\quad =(a^2+2an+n^2)+(b^2+2bn+n^2)+c^2+d^2$
$\qquad\qquad\qquad\qquad\qquad\qquad\quad =(a+n)^2+(b+n)^2+c^2+d^2$

よって，$a^2+b^2+(c+n)^2+(d+n)^2=(a+n)^2+(b+n)^2+c^2+d^2$

（答）(ア) $a+n$　(イ) $b+n$　または，(ア) $b+n$　(イ) $a+n$

(3) $a=24,\ b=27,\ c+n=29,\ d+n=30$ とすると，
$a+b=c+d=51$ より，
$\qquad (c+n)+(d+n)=c+d+2n=51+2n=59$
よって，$2n=8$　　$n=4$
したがって，$c=25,\ d=26,\ a+n=28,\ b+n=31$
(2)の等式を利用すると，$24^2+27^2+29^2+30^2=28^2+31^2+25^2+26^2$ が成り立つ．
$24<p<q<r<s$ であるから，
$\qquad p=25,\quad q=26,\quad r=28,\quad s=31$

（答）$p=25,\ q=26,\ r=28,\ s=31$

演習問題

1　等式 $abc+12ab+3bc+36b=2013$ を満たす自然数 $a,\ b,\ c$ について，次の問いに答えよ．
(1) $a=30$ のとき，$b,\ c$ の値をそれぞれ求めよ．
(2) 等式の左辺を因数分解せよ．
(3) 自然数の組 $(a,\ b,\ c)$ は何組あるか．

2　** 1 に 2 を次々にかけて 2014 個の数 $1,\ 2,\ 2^2,\ 2^3,\ 2^4,\ \cdots\cdots,\ 2^{2013}$ をつくる．つくったそれぞれの数について，けた数と最高位の数字について考える．たとえば，$2^{10}=1024$ のけた数は 4 で，最高位の数字は 1 である．ただし，けた数が 1 である $1,\ 2,\ 2^2,\ 2^3$ については，最高位の数字は順に $1,\ 2,\ 4,\ 8$ とする．なお，2^{2014} のけた数は 607 で，最高位の数字は 1 である．
(1) 2014 個の数のうち，最高位の数字が 1 であるものは何個あるか．
(2) 2014 個の数を，$1,\ 2,\ 2^2,\ 2^3,\ |\ 2^4,\ 2^5,\ 2^6,\ |\ 2^7,\ 2^8,\ 2^9,\ |\ 2^{10},\ \cdots\cdots$ のように，けた数が同じものを 1 つの組として組み分けする．このとき，3 個の数からなる組で，それぞれの最高位の数字を小さい方から順に並べると，3 通りの数字の並びが考えられる．それらをすべて答えよ．
(3) 2014 個の数のうち，最高位の数字が 4 であるものは何個あるか．

2 数の規則性についての問題

数の規則性についての問題

この項では，数の規則性に関する応用問題をとりあげる。数が並ぶ規則を見つけ，式の計算や方程式を利用して問題を解く。数の規則性が図や表で表されている問題も同様に考える。

例題2　2次方程式の応用

図1は，ます目に黒い石を縦に4個，横に9個並べて長方形の形をつくり，内部のすべてのます目に白い石を並べた図形である。このように，ます目に黒い石を縦に x 個，横に $(x+5)$ 個並べて長方形の形をつくり，内部のすべてのます目に白い石を並べた図2のような図形を考える。ただし，x は3以上の整数とする。

(1) ます目に黒い石を縦に5個，横に10個並べて長方形の形をつくり，内部のすべてのます目に白い石を並べた図形をつくるとき，黒い石と白い石はそれぞれ何個必要か。

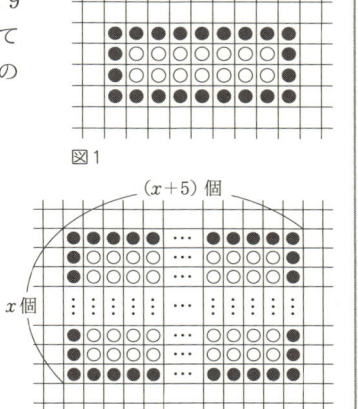

(2) 黒い石が全部で90個のとき，白い石は何個か。

(3) 白い石の個数が黒い石の個数の2倍であるとき，x の値を求めよ。

[解説]　図2のように，ます目に黒い石と白い石を並べたとき，黒い石の個数は
$2\{x+(x+5)-2\}$ 個，白い石の個数は $(x-2)(x+5-2)$ 個である。

[解答]　(1)　黒い石は，$2(5+10-2)=26$（個），白い石は，$(5-2)(10-2)=24$（個）必要である。　　　　　　　　　　　　　　　　　　　（答）　黒い石26個，白い石24個

(2)　黒い石の個数は，$2\{x+(x+5)-2\}=2(2x+3)$（個）と表されるから，
$$2(2x+3)=90 \qquad x=21$$
また，白い石の個数は，$(x-2)(x+5-2)=(x-2)(x+3)$（個）と表されるから，$x=21$ のとき，
$$(21-2)(21+3)=19\times 24=456（個）$$
　　　　　　　　　　　　　　　　　　　　　　　　　　　　　　（答）　456個

(3)　$(x-2)(x+3)=2\times 2(2x+3)$ より，$x^2-7x-18=0$
これを解くと，$x=-2, 9$
x は3以上の整数であるから，$x=9$　　　　　　　　　　　（答）　$x=9$

演習問題

3 正方形の形をした合同な白のタイルと黒のタイルを使い，次の手順で右の図のような模様をつくっていく。

① 白のタイルを1個置いたものを1番目の模様とする。
② 白のタイルを頂点が重なるように，縦に2個ずつ2列に置き，白のタイルで囲まれた部分に黒のタイルを置いたものを2番目の模様とする。
③ 白のタイルを頂点が重なるように，縦に3個ずつ3列に置き，白のタイルで囲まれたすべての部分に黒のタイルを置いたものを3番目の模様とする。
④ 以下，このような作業をくり返して，4番目，5番目，……の模様とする。

(1) n番目の模様について，白のタイルと黒のタイルの個数をそれぞれnを使った式で表せ。
(2) それぞれの模様について，タイルの総数は必ず奇数になる。このことを，(1)を利用して証明せよ。
(3) タイルの総数が181個になるのは，何番目の模様か。

4 自然数をある規則にしたがって並べた表を，下のように1番目，2番目，3番目，4番目，5番目，……の順につくっていく。n番目の表には，上段，下段にそれぞれ自然数がn個ずつ並べられている。

	1番目	2番目	3番目	4番目	5番目	
上段	1	1 4	1 4 5	1 4 5 8	1 4 5 8 9	...
下段	2	2 3	2 3 6	2 3 6 7	2 3 6 7 10	

(1) 10番目の表に並べられたすべての数の和から，9番目の表に並べられたすべての数の和を引いた値を求めよ。
(2) aを偶数とし，bを3以上の奇数とする。a番目の表とb番目の表の，それぞれの上段で，右端から2番目にある数を比べると，a番目の表の数の方が5だけ大きかった。また，a番目の表に並べられたすべての数の和は，b番目の表に並べられたすべての数の和より，369だけ大きかった。このとき，a，bの値を求めよ。

5 同じ大きさの立方体の黒い箱と白い箱が，図1のように積み重ねて置かれている。図2は積み重ねて置かれているようすを真正面から見た図であり，図3はそれぞれの段を真上から見た図を表している。

箱の置き方は，上から順に，1段目は1個の黒い箱，2段目は4個の白い箱，3段目は9個のうち周囲は黒い箱でその中は白い箱，4段目は周囲が白い箱でその中はすべて黒い箱，5段目は周囲が黒い箱でその中はすべて白い箱，6段目は周囲が白い箱でその中はすべて黒い箱，……というように規則的になっている。ただし，それぞれの図中の ▨ と □ は，それぞれ黒い箱と白い箱を表している。

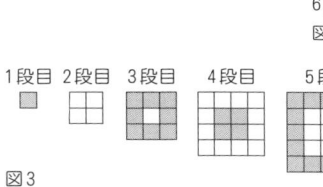

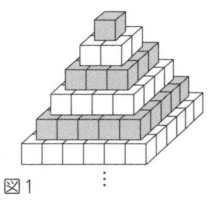

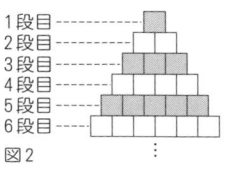

(1) 図2のように真正面から見たとき，n 段目は黒い箱であった。このとき，n 段目の黒い箱の個数は24個であった。n の値を求めよ。

(2) 図4は，8段目まで積み重ねた箱を真上から見て平面に表した図である。このとき，黒く見える部分の面積の和と白く見える部分の面積の和の比を求め，最も簡単な整数の比で表せ。

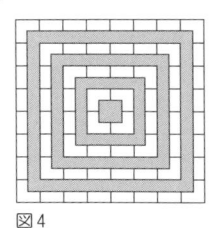

3 代数と幾何との融合問題

この項では代数と幾何両方の内容を含んだ融合問題をとりあげる。融合問題を解くにあたっては、次のような幾何の定理が利用される。

● 三平方の定理（ピタゴラスの定理）

図1のように、$\angle C=90°$ の直角三角形 ABC において、$BC=a$, $CA=b$, $AB=c$ とすると、

$$a^2+b^2=c^2$$

の関係が成り立つ。これを**三平方の定理（ピタゴラスの定理）**という。

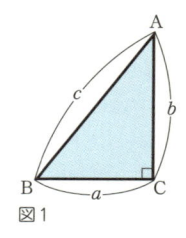

図1

この等式を満たす a, b, c の組は無数にあるが、その中で a, b, c がすべて自然数になるような組として、

$$(a,\ b,\ c)=(3,\ 4,\ 5),\ (5,\ 12,\ 13)$$

の2組（または、その比の組）は、とくによく用いられる。

また、図2、図3のような、3つの角の大きさが $30°$, $60°$, $90°$ の直角三角形と、$45°$, $45°$, $90°$ の直角二等辺三角形の3辺の長さの比はそれぞれ、

$$1:\sqrt{3}:2,\quad 1:1:\sqrt{2}$$

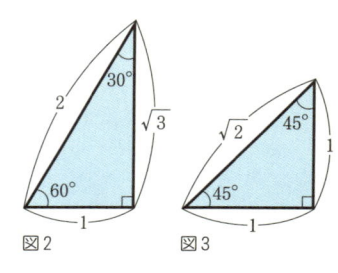

となる。

図2　図3

● 平行線と比・面積と比

(1) 平行線と比

下の図で、

DE∥BC のとき、
AD：AB＝AE：AC＝DE：BC

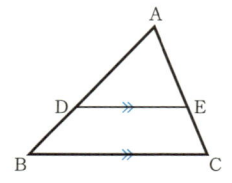

(2) 面積と比

下の図で、

$$\frac{\triangle ADE}{\triangle ABC}=\frac{AD\times AE}{AB\times AC}$$

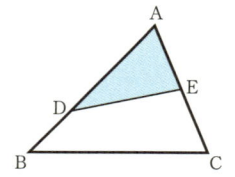

例題3　三平方の定理，1次方程式の応用

右の図のように，1辺の長さが6cmの立方体 ABCD-EFGH があり，辺 AB の中点を M，辺 BC の中点を N とする。辺 AB 上を動く点 P は，頂点 A を出発して，毎秒1cmの速さで点 M に到着するまで動き，辺 BF 上を動く点 Q は，頂点 B を出発して，毎秒2cmの速さで頂点 F に到着するまで動くものとする。

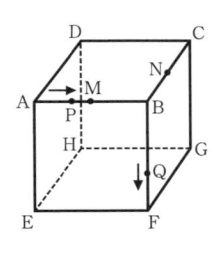

2点 P，Q がそれぞれ頂点 A，B を同時に出発するとき，次の問いに答えよ。

(1) △PNQ が二等辺三角形となるのは，点 P，Q が出発してから何秒後か。すべて答えよ。

(2) (1)で求めた二等辺三角形のうち，周の長さが最大の △PNQ について，次のものを求めよ。
　(i) 面積 S
　(ii) 四面体 BPNQ の頂点 B から底面 PNQ に下ろした垂線の長さ

解説　(1) 三平方の定理を利用して，2点 P，Q が同時に出発してから x 秒後の PN^2，QN^2，PQ^2 をそれぞれ x の式で表す。△PNQ が二等辺三角形となるのは，PN=QN，QN=PQ，PQ=PN のいずれかが成り立つときである。

(2) (i)は，(1)で考えた3つの二等辺三角形の3辺の長さを求めて，周の長さを比べる。
(ii)は，四面体 BPNQ の体積が2通りの方法で求められることを利用する。

解答　(1) 2点 P，Q が同時に出発してから x 秒後の線分 AP，BQ の長さはそれぞれ x cm，$2x$ cm である。ただし，$0 \leq x \leq 3$

$\angle PBN = \angle QBN = \angle PBQ = 90°$ であるから，

$PN^2 = PB^2 + BN^2 = (6-x)^2 + 3^2$

$QN^2 = QB^2 + BN^2 = (2x)^2 + 3^2$

$PQ^2 = PB^2 + BQ^2 = (6-x)^2 + (2x)^2$

△PNQ が二等辺三角形となるのは，PN=QN，QN=PQ，PQ=PN のいずれかが成り立つときであるから，

PN=QN のとき　PB=QB より，$6-x=2x$　　　$x=2$

QN=PQ のとき　BN=PB より，$3=6-x$　　　$x=3$

PQ=PN のとき　BQ=BN より，$2x=3$　　　$x=\dfrac{3}{2}$

（答）$\dfrac{3}{2}$ 秒後，2秒後，3秒後

(2) (i) (1)より，$x=\dfrac{3}{2}$，2，3 のときの △PNQ の 3 辺の長さは，次のようになる。

$x=\dfrac{3}{2}$ のとき，$PN=PQ=\sqrt{\left(6-\dfrac{3}{2}\right)^2+3^2}=\dfrac{3\sqrt{13}}{2}$，$QN=\sqrt{3^2+3^2}=3\sqrt{2}$

$x=2$ のとき，$PN=QN=\sqrt{4^2+3^2}=5$，$PQ=\sqrt{4^2+4^2}=4\sqrt{2}$

$x=3$ のとき，$PQ=QN=\sqrt{3^2+6^2}=3\sqrt{5}$，$PN=\sqrt{3^2+3^2}=3\sqrt{2}$

$\dfrac{3\sqrt{13}}{2}\times 2+3\sqrt{2}<5\times 2+4\sqrt{2}<3\sqrt{5}\times 2+3\sqrt{2}$ であるから，周の長さが最大となるのは $x=3$ のときで，このとき，△PNQ は右の図のような二等辺三角形である。点 Q から辺 PN に下ろした垂線の足を K とすると，

$QK=\sqrt{(3\sqrt{5})^2-\left(\dfrac{3\sqrt{2}}{2}\right)^2}=\dfrac{9\sqrt{2}}{2}$ であるから，

$S=\dfrac{1}{2}\times 3\sqrt{2}\times \dfrac{9\sqrt{2}}{2}=\dfrac{27}{2}$

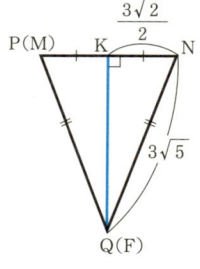

（答） $S=\dfrac{27}{2}$ (cm²)

(ii) 四面体 BPNQ の体積を V cm³ とし，頂点 B から底面 PNQ に下ろした垂線の長さを h cm とすると，

$$V=\dfrac{1}{3}Sh=\dfrac{1}{3}\times \dfrac{27}{2}\times h=\dfrac{9}{2}h$$

また，△PQB を底面と考えると，

$$V=\dfrac{1}{3}\times \left(\dfrac{1}{2}\times 3\times 6\right)\times 3=9$$

$\dfrac{9}{2}h=9$ より，$h=2$ （答） 2cm

参考 (2)の周の長さ，$3\sqrt{13}+3\sqrt{2}$，$10+4\sqrt{2}$，$6\sqrt{5}+3\sqrt{2}$ の大小は，次のようにして求められる。

まず，$10+4\sqrt{2}-(3\sqrt{13}+3\sqrt{2})=10+\sqrt{2}-3\sqrt{13}$
　　　$(10+\sqrt{2})^2-(3\sqrt{13})^2=102+20\sqrt{2}-117=20\sqrt{2}-15$
$20\sqrt{2}-15>0$ より，$(10+\sqrt{2})^2>(3\sqrt{13})^2$
よって，$10+\sqrt{2}>3\sqrt{13}$　　$10+\sqrt{2}-3\sqrt{13}>0$
ゆえに，$10+4\sqrt{2}>3\sqrt{13}+3\sqrt{2}$ ………①
また，$6\sqrt{5}+3\sqrt{2}-(10+4\sqrt{2})=6\sqrt{5}-(10+\sqrt{2})$
$6\sqrt{5}>6\times 2=12$，$10+\sqrt{2}<10+2=12$ より，$6\sqrt{5}>10+\sqrt{2}$
よって，$6\sqrt{5}-(10+\sqrt{2})>0$　　ゆえに，$6\sqrt{5}+3\sqrt{2}>10+4\sqrt{2}$ ………②
①，②より，$3\sqrt{13}+3\sqrt{2}<10+4\sqrt{2}<6\sqrt{5}+3\sqrt{2}$

演習問題

6　右の図のように，∠A＝90°，AB＝24cm，AC＝8cm の直角三角形 ABC がある。辺 AB 上に点 D を AD＝AC となるようにとる。

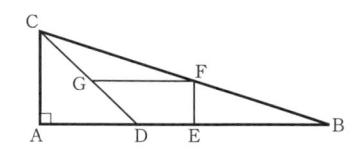

また，線分 DB 上に点 E をとり，E を通って辺 AC に平行な直線と辺 BC との交点を F，F を通り辺 AB に平行な直線と線分 CD との交点を G とする。

EF＝x cm とするとき，次の問いに答えよ。

(1)　GF の長さを x を用いて表せ。
(2)　四角形 DEFG の面積が 6 cm² のとき，x の値を求めよ。

7　右の図のように，辺 AB が共通な直角三角形 ABC と長方形 ABDE がある。AB は BD より 6cm 長く，CD＝4cm である。

BD の長さを x cm として，次の問いに答えよ。
(1)　長方形 ABDE の面積を x を使った式で表せ。
(2)　AB と BD の長さの和が AC の長さに等しくなるとき，BD の長さを求めよ。

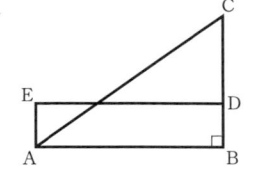

8 ＊　右の図のように，1 辺の長さが 12cm の正三角形 ABC がある。頂点 A から点 P が，頂点 B から点 Q が，頂点 C から点 R が同時に出発し，周上をそれぞれ毎秒 3cm，2cm，1cm の速さで，図の矢印の方向に動く。

点 P，Q，R が出発してから t 秒後の △PQR の面積について，次の問いに答えよ。ただし，$0 \leq t < 8$ とする。
(1)　$t=2$ のとき，△PQR の面積を求めよ。
(2)　$0 \leq t \leq 4$ のとき，△PQR の面積 S を t を使った式で表せ。
(3)　△PQR の面積が $8\sqrt{3}$ cm² となる t の値をすべて求めよ。

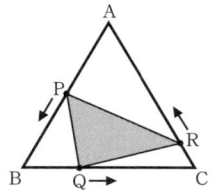

4 関数についての問題

関数についての問題

この項では，関数に関する応用問題，関数と幾何との融合問題をとりあげる。グラフを正確に読み解いたり，幾何の定理を使って問題を解く。

例題4　1次関数の応用

A駅と，A駅から60km離れたB駅を結ぶ鉄道がある。この鉄道を，午前5時にA駅を出発する列車Pと，同じく午前5時にB駅を出発する列車Qが運行している。下の図は，列車が午前5時に出発してからの時間を x 分，A駅から列車までの距離を y km としたときの x，y の関係を表したグラフである。列車はA駅とB駅の間を往復し，駅だけに停車する。また，それぞれの列車の停車する駅はA駅とB駅の間で毎回同じ駅であり，各駅の停車時間は5分間である。A駅とB駅を結ぶ鉄道は一直線上にあり，列車は停車する駅と駅の間を一定の速さで走っている。なお，列車の長さは考えないものとする。

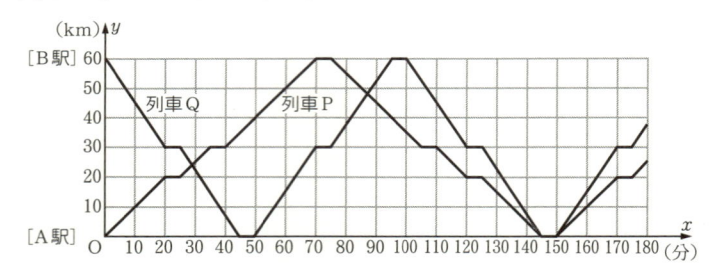

(1) 列車P，Qが午前5時に両駅を出発して，はじめてすれ違う時刻を求めよ。

(2) 列車P，Qが午前5時に両駅を出発してから9回目にすれ違うまでの，列車Pの走った距離の合計を求めよ。ただし，同時刻に同駅に到着したときは，すれ違う回数として数えないものとする。

解説　(1) 列車Pの分速は $20 \div 20 = 1$ (km) で，列車Qの分速は $30 \div 20 = 1.5$ (km) である。$25 \leqq x \leqq 35$ における列車P，Qそれぞれの x，y の関係式を求め，そのグラフの交点を求める。

(2) 列車Pは出発してから145分でA駅に戻り，150分ごとに同じ運行をくり返す。また，列車Qは出発してから95分でB駅に戻り，100分ごとに同じ運行をくり返すから，出発してからの300分間で列車P，Qが何回すれ違うかを求める。

[解答] (1) 列車 P の分速は $20 \div 20 = 1$ (km) で，列車 Q の分速は $30 \div 20 = 1.5$ (km) であるから，$25 \leq x \leq 35$ における列車 P，Q それぞれの x と y の関係式は，
$$y = (x-25) + 20 = x - 5, \quad y = -1.5(x-25) + 30 = -1.5x + 67.5$$
となる。
このグラフの交点を求めると，
$$x - 5 = -1.5x + 67.5$$
$$x = 29$$
このとき，$y = 24$
ゆえに，はじめてすれ違うのは出発してから 29 分後で，A 駅から 24 km 離れた地点である。

(答) 午前 5 時 29 分

(2) 列車 P は出発してから 145 分で A 駅に戻り，150 分ごとに同じ運行をくり返す。
また，列車 Q は 95 分で B 駅に戻り，100 分ごとに同じ運行をくり返す。
列車 P，Q は図に表された 150 分間で 2 回すれ違う。
グラフの対称性を利用すると，その後の 150 分間でも 2 回すれ違う。
よって，300 分間で 4 回，600 分間で 8 回すれ違うから，9 回目にすれ違うのは列車 P が 5 回目に A 駅を出発してからはじめて列車 Q とすれ違うとき，すなわち午前 5 時に A 駅を出発してから 629 分後である。
列車 P はそれまでに 4 往復しているから，走った距離の合計は，
$60 \times 8 + 24 = 504$ (km) である。

(答) 504 km

[参考] 列車 P と列車 Q の運行のようすを，出発してから 300 分間以上グラフで表すと，下の図のようになる。解答にも書いたように，列車 P は 150 分ごと，列車 Q は 100 分ごとに同じ運行をくり返し，列車 P，Q は 300 分間で 4 回すれ違うことがわかる。
このように，グラフの規則性や対称性を利用することも，文章題の関数についての問題を解くときには大切である。

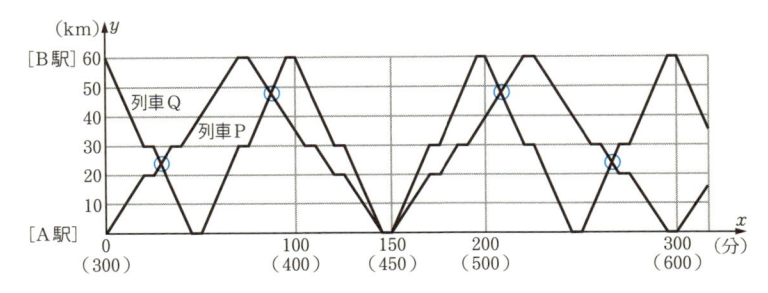

演習問題

9 駅と野球場を結ぶ6kmのバス路線があり，駅と野球場の間を何台かのバスが運行している。右の図は，12時からx分後の駅からバスまでの道のりを$y$kmとして，12時から13時までのバスの運行のようすをグラフに表したものである。

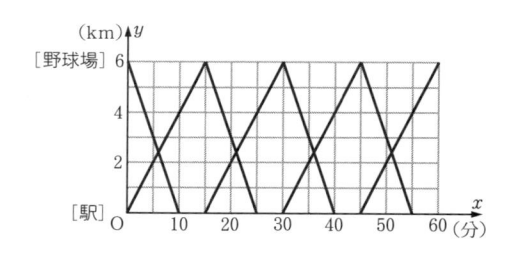

駅から野球場に向かうバスと，野球場から駅に向かうバスの速さはそれぞれ一定であるとして，次の問いに答えよ。

(1) 12時に野球場を出発して駅に向かうバスについて，yをxの式で表せ。また，このバスが駅から野球場に向かうバスと出会う時刻を求めよ。

(2) バス路線上のある地点では，駅から野球場に向かうバスと野球場から駅に向かうバスが，同じ時間の間隔で交互に通過することがわかった。駅からその地点までの道のりを求めよ。ただし，その地点は駅から3km以上離れているものとする。

10 2点P，Qは同時に出発し，それぞれ次のように数直線上を正の方向に動く。ただし，数直線の1めもりは1cmであるとする。

(i) 点Pは原点から出発し，出発してからt秒後までの位置の変化の割合が$3t$(cm/秒)となる。

(ii) 点Qは原点から正の方向に5cmの位置から出発し，2(cm/秒)の速さで動き始めるが，点Pにはじめて追い着かれたところで0.4秒間停止し，その後は20(cm/秒)の速さで動き続ける。

(1) 点Qが点Pに追い着かれるのは，出発してから何秒後か。また，それは原点から何cmの位置か。

(2) 点Qが再び動いてから点Pを追い抜くのは，原点から何cmの位置か。その後，点Qが点Pに2回目に追い着かれるのは，原点から何cmの位置か。

例題5　三平方の定理，2次方程式の応用

図1のように，平面上に PQ=6cm の長方形 PQRS があり，1辺の長さが 6cm の正三角形 ABC が，直線 ℓ に沿って矢印の方向に一定の速さで動いている。図2は，△ABC が動いている途中のようすを表しており，影の部分は△ABC と長方形 PQRS の重なった部分を表している。

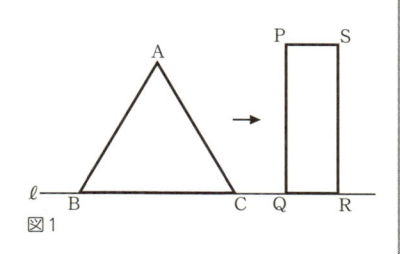

　点 C が点 Q の位置にきたときから4秒後には，点 C は点 R の位置にある。このときの△ABC と長方形 PQRS の重なった部分の面積は $2\sqrt{3}$ cm² である。

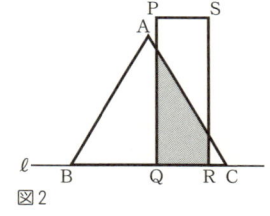

(1) 辺 QR の長さを求めよ。

(2) 点 C が点 Q の位置にきたときから x 秒後の △ABC と長方形 PQRS の重なった部分の面積を $y$cm² とする。x の変域が $0 \leq x \leq 4$ のとき，y を x の式で表せ。

(3) △ABC と長方形 PQRS の重なった部分の面積が △ABC の面積の半分になるのは，点 C が点 Q の位置にきたときから何秒後か。

解説　(1) 点 C が点 R の位置にあるとき，△ABC と長方形 PQRS が重なった部分は，3つの内角が 30°，60°，90° の直角三角形である。

(2) QR の長さが $a$cm のとき，△ABC の動く速さは，秒速 $(a \div 4)$cm である。

　また，$0 \leq x \leq 4$ のとき，△ABC と長方形 PQRS の重なった部分は(1)と同じ形の直角三角形である。

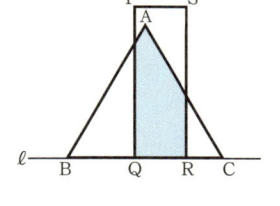

(3) △ABC と長方形 PQRS の重なった部分の面積が△ABC の面積の半分になるのは，右の図のように，重なった部分が五角形のときである。

解答　(1) 点 C が点 R の位置にあるとき，△ABC と長方形 PQRS が重なった部分は，3つの内角が 30°，60°，90° の直角三角形である。

QR=$a$cm とすると，その面積は $\frac{1}{2} \times a \times \sqrt{3}a = \frac{\sqrt{3}}{2}a^2$（cm²）であるから，

$$\frac{\sqrt{3}}{2}a^2 = 2\sqrt{3} \qquad a^2 = 4$$

$a > 0$ であるから，$a = 2$　　　　　　　　　　　　　　　　（答）2cm

(2) △ABC の動く速さは，秒速 $2 \div 4 = 0.5$（cm）である。
$0 \leq x \leq 4$ のとき，△ABC と長方形 PQRS の重なった部分は(1)と同じ形の直角三角形であるから，
$$y = \frac{1}{2} \times 0.5x \times (0.5x \times \sqrt{3}) = \frac{\sqrt{3}}{8}x^2$$
（答）$y = \frac{\sqrt{3}}{8}x^2$

(3) △ABC の面積は，$\frac{1}{2} \times 6 \times 3\sqrt{3} = 9\sqrt{3}$（cm²）である。
(2)と同じように x を定めると，点 A が辺 PQ 上にくるのは $x = 6$ のとき，辺 RS 上にくるのは $x = 10$ のときである。
△ABC と長方形 PQRS の重なった部分の面積が △ABC の面積の半分になるのは，上の図のように，重なった部分が五角形になる $6 \leq x \leq 10$ の範囲にある。
このとき，BC＝6，QR＝2，QC＝0.5x であるから，
　　BQ＝6－0.5x，　RC＝0.5x－2
よって，△ABC から重なった部分を除いた部分の面積で方程式をつくると，
$$\frac{1}{2} \times (6-0.5x) \times \sqrt{3}(6-0.5x) + \frac{1}{2} \times (0.5x-2) \times \sqrt{3}(0.5x-2)$$
$$= 9\sqrt{3} \times \frac{1}{2}$$
これを整理すると，$x^2 - 16x + 62 = 0$　　これを解くと，$x = 8 \pm \sqrt{2}$
これらの値はともに，$6 \leq x \leq 10$ を満たす。

（答）$(8 \pm \sqrt{2})$ 秒後

演習問題

11 右の図のように，1辺が 12cm の正方形 ABCD がある。2点 P，Q は，それぞれ点 A，B を同時に出発し，P は毎秒 3cm の速さで，辺 AB，BC，CD 上を D まで動き，Q は毎秒 2cm の速さで，辺 BC，CD 上を D まで動く。P，Q が出発してから x 秒後（$0 < x < 12$）の △APQ の面積を $y$cm² とするとき，次の問いに答えよ。

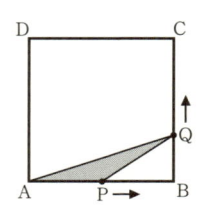

(1) x の変域が $0 < x \leq 4$ のとき，y を x の式で表せ。

(2) x の変域が $4 \leq x \leq 6$ のとき，y を x の式で表せ。

(3) △APQ が PQ を底辺とする二等辺三角形になるのは，P，Q が出発してから何秒後か。

12 右の図のような五角形 ABCDE がある。
四角形 ABDE は1辺 8cm の正方形，△BCD は
CB＝CD＝5cm の二等辺三角形である。

点 P は点 A を出発して，毎秒 1cm の速さで辺 AB，BC，CD，DE 上を動き，点 E まで進む。点 P が点 A を出発してから x 秒後（$0<x<26$）の △PAE の面積を y cm^2 とするとき，次の問いに答えよ。

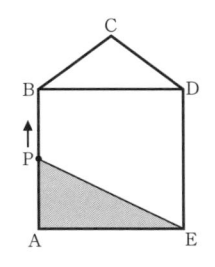

(1) 点 P が辺 AB 上にあるとき，y を x の式で表せ。また，x の変域を求めよ。
(2) 点 P が辺 BC 上にあるとき，y を x の式で表せ。また，x の変域を求めよ。
(3) △PAE の面積が五角形 ABCDE の面積の半分になるような，x の値をすべて求めよ。

13 図1のように，AB＝6cm，AD＝3cm の長方形 ABCD と，PQ＝4cm，QR＝6cm，∠PQR＝90° の直角三角形 PQR がある。また，辺 BC と辺 QR は直線 ℓ 上にあり，点 B と点 R は重なっている。長方形 ABCD を固定し，図2のように，△PQR を毎秒 1cm の速さで直線 ℓ に沿って矢印の方向に平行移動させ，図3のように，点 Q が点 C に重なったら移動をやめる。

△PQR と長方形 ABCD の重なっている部分を S とし，△PQR が移動し始めてから x 秒後の S の面積を y cm^2 とする。

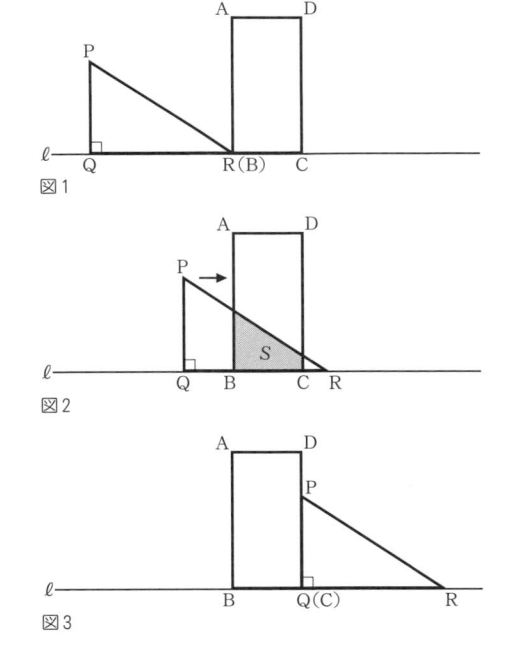

(1) $x=3$ のときの y の値を求めよ。
(2) $3 \leq x \leq 6$ のとき，y を x の式で表せ。
(3) 点 Q が辺 BC 上を移動しているとき，長方形 ABCD から S を除いた部分の面積が 14cm^2 となるのは △PQR が移動し始めてから何秒後か。

コラム　黄金比は美しい

教科書やノート，ハガキや名刺など，私たちが日常使う長方形の形をしたものの縦と横の長さの比はだいたい一定で，5：8 に近くなっています（右の図の長さの単位はすべて cm）。この比の長方形を**黄金長方形**といい，この比を**黄金比**といいます。古代ギリシャ・ローマの時代から，この黄金長方形は最も調和のとれた美しい長方形とされ，有名なミロのヴィーナスやパルテノン神殿，パリの凱旋門などの彫刻物や建築物にも黄金比が利用されています。

数学では，この黄金比は次のように求められます。

下の図のように，長方形 ABCD の辺 AD，BC 上にそれぞれ点 E，F をとり，四角形 ABFE が正方形となるようにします。

このとき，
　　　（長方形 ABCD）∽（長方形 DEFC）
となるような長方形 ABCD が，黄金長方形です。
（長方形 ABCD）∽（長方形 DEFC）より，
　　　AB：DE＝BC：EF
AB＝1，AD＝x とすると，DE＝$x-1$ であるから，
　　　$1:(x-1)=x:1$
　　　$x(x-1)=1$
　　　$x^2-x-1=0$
$x>1$ であるから，
$$x=\frac{1+\sqrt{5}}{2}=1.618\cdots$$

よって，AB：AD≒1：1.6＝5：8

ところで，1 章のコラムで紹介した下のようなフィボナッチ数列（→1 章，p.21）の隣り合う 2 数の比も，この黄金比に近づくことが知られています。

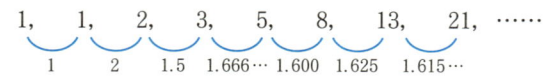

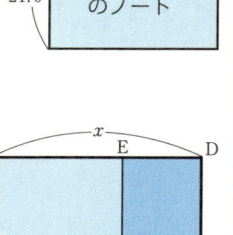

　　1,　　1,　　2,　　3,　　5,　　8,　　13,　　21,　……
　　　1　　　2　　1.5　1.666…　1.600　1.625　1.615…

Aクラスブックスシリーズ

単元別完成！この1冊で完全克服!!

数学の学力アップに加速をつける

玉川大学教授	成川　康男
筑波大学附属駒場中・高校元教諭	深瀬　幹雄
桐朋中・高校元教諭	藤田　郁夫
筑波大学附属駒場中・高校副校長	町田　多加志
桐朋中・高校教諭	矢島　弘　共著

■全8点　A5判・119～166頁/2色刷　各900円

中学・高校の区分に関係なく，単元別に数学をより深く追求したい人のための参考書です。得意分野のさらなる学力アップ，不得意分野の完全克服に役立ちます。

中学数学文章題	場合の数と確率
中学図形と計量	不等式
因数分解	平面幾何と三角比
2次関数と2次方程式	整数

書名＼教科書対応	中学1年	中学2年	中学3年	高校数Ⅰ	高校数A	高校数Ⅱ
中学数学文章題	☆	☆	☆			
中学図形と計量	☆	☆	☆		(☆)	
因数分解			☆	☆		
2次関数と2次方程式			☆	☆		
場合の数と確率		☆			☆	
不等式	☆			☆		☆
平面幾何と三角比			☆	☆	☆	
整数	☆	☆	☆	☆	☆	

※表示の価格は本体価格です。本体価格のほかに消費税がかかります。

新Aクラス問題集シリーズ

定評ある実力派！
最高レベルの学力を!!

新Aクラス問題集シリーズは，難関中高一貫校の経験豊富な先生方が執筆しています。学習指導要領の規制にとらわれることなく学ぶことができ，本格的な学力を身につけることができます。

新Aクラス 中学数学問題集1年	A5判・237頁	1400円
新Aクラス 中学数学問題集2年	A5判・287頁	1400円
新Aクラス 中学数学問題集3年	A5判・378頁	1400円
新Aクラス 中学代数問題集	A5判・429頁	1500円
新Aクラス 中学幾何問題集	A5判・418頁	1500円
新Aクラス 中学数学問題集 融合	A5判・124頁	1000円
新Aクラス 中学理科問題集1分野	A5判・306頁	1400円
新Aクラス 中学理科問題集2分野	A5判・288頁	1400円
新Aクラス 中学英語問題集1年	A5判・296頁	1400円
新Aクラス 中学英語問題集2年	A5判・217頁	1400円
新Aクラス 中学英語問題集3年	A5判・286頁	1400円

※表示の価格は本体価格です。本体価格のほかに消費税がかかります。

Ａ級中学数学問題集

ムリなくムダなく最高級の学力を！

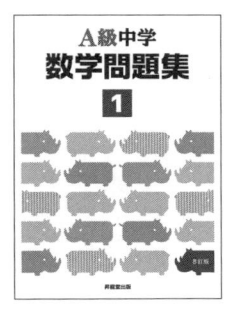

じっくり取り組むと
確実に実力がつく！

桐朋中・高校教諭
飯田　昌樹　　　印出　隆志
櫻井　善登　　　佐々木 紀幸
野村　仁紀　　　矢島　弘　共著

数学の系統的な流れを大切にした構成で，順序よく学べる問題集です。基本公式や基本事項の確認，典型的な問題の考え方・解き方を例や例題で詳しく丁寧に解説してあるので，要点をしっかり把握できます。基本から発展まで段階的に良問が配置されています。また，中学校の教育課程では習わない内容も，学習に必要なことはあえて取り上げています。基本的な知識の定着，計算力の充実，柔軟な思考力の育成をめざし，数学の楽しさが実感できるようにつくられた最高レベルの問題集です。

Ａ級 中学数学問題集１年　　　Ａ５判・258頁　　1400円
Ａ級 中学数学問題集２年　　　Ａ５判・274頁　　1400円
Ａ級 中学数学問題集３年　　　Ａ５判・372頁　　1400円

※表示の価格は本体価格です。本体価格のほかに消費税がかかります。

代数の先生・幾何の先生

めざせ！Aランクの数学

ていねいな解説で
自主学習に最適！

開成中・高校教諭
　　　　木部　陽一
筑波大附属駒場中・高校元教諭
　　　　深瀬　幹雄
　　　　　　　共著

先生が直接教えてくれるような丁寧な解説で，やさしいものから程度の高いものまで無理なく理解できます。くわしい脚注や索引を使って，わからないことを自分で調べながら学習することができます。基本的な知識が定着するように，例題や問題を豊富に配置してあります。この参考書によって，学習指導要領の規制にとらわれることのない幅広い学力や，ものごとを論理的に考え，正しく判断し，的確に表現することができる能力を身につけることができます。

代数の先生　A5判・389頁／2色刷　2200円
幾何の先生　A5判・344頁／2色刷　2200円

※表示の価格は本体価格です。本体価格のほかに消費税がかかります。

―――――――――――――――――――――――――――――――――
Aクラスブックス　　中学数学文章題
―――――――――――――――――――――――――――――――――
2014 年 9 月　初版発行
2023 年 2 月　再版発行

著　者　　藤田郁夫　　　　成川康男
　　　　　深瀬幹雄　　　　矢島　弘
発行者　　斎藤　亮
組版所　　錦美堂整版
印刷所　　光陽メディア
製本所　　井上製本所
―――――――――――――――――――――――――――――――――
発行所　　昇龍堂出版株式会社
〒101-0062　東京都千代田区神田駿河台 2-9
TEL 03-3292-8211　FAX 03-3292-8214
振替 00100-9-109283
―――――――――――――――――――――――――――――――――
落丁本・乱丁本は，送料小社負担にてお取り替えいたします
ホームページ https://www.shoryudo.co.jp
ISBN978-4-399-01301-8 C6341 ¥900E　　　Printed in Japan

本書のコピー，スキャン，デジタル化等の無断複製は著作権法上
での例外を除き禁じられています。本書を代行業者等の第三者に
依頼してスキャンやデジタル化することは，たとえ個人や家庭内
での利用でも著作権法違反です。

Aクラスブックス

中学 **数学文章題**
問題の解き方・式のつくり方

…解答編…

この解答編は薄くのりづけされています。軽く引けば取りはずすことができます。

1章　自然数や整数に関する問題 …………… 2
2章　離散的な数量に関する問題 …………… 6
3章　連続的な数量に関する問題 …………… 12
4章　総合問題 ………………………………… 20

昇龍堂出版

1章 自然数や整数に関する問題

1 3754
[解説] もとの4けたの正の整数の百の位，十の位，一の位の数でできる3けたの整数をxとすると，$10x+3=2(3000+x)+35$　　これを解くと，$x=754$
[別解] もとの4けたの正の整数の百の位，十の位，一の位の数をそれぞれa，b，cとすると，$1000a+100b+10c+3=2(3000+100a+10b+c)+35$
これを整理すると，$100a+10b+c=754$

2 724
[解説] もとの自然数の百の位の数をx，一の位の数をyとすると，
$\begin{cases} x+y=11 \\ 100y+20+x=100x+20+y-297 \end{cases}$　　これを解くと，$x=7$，$y=4$

3 (1) $10-a+c$　(2) 9
(3) (1)，(2)より，Pの一の位の数をdとすると，Pの百の位の数は$9-d$，十の位の数は9であるから，Pの各位の数の和は，$9-d+9+d=18$
[解説] (1) もとの自然数は $100a+10b+c$，入れかえた数は $100c+10b+a$ であるから，$P=(100a+10b+c)-(100c+10b+a)=99(a-c)$
$a>c$ であるから，$a-c$ は1から9までの自然数で，$a-c=1$，2，……，9 のときの Pの一の位の数はそれぞれ9，8，……，1となる。よって，Pの一の位の数と $a-c$ との和はいつも10であるから，Pの一の位の数は，$10-(a-c)$
(2) Pの一の位の数をdとすると，$d=10-(a-c)$　　$a-c=10-d$
よって，$P=99(10-d)=100(10-d)-(10-d)=100(9-d)+90+d$

4 (1) 4けたの自然数の千の位の数をa，百の位の数をb，十の位の数をc，一の位の数をdとすると，この4けたの自然数は次の式で表される。
$1000a+100b+10c+d=4(250a+25b)+(10c+d)$
$250a+25b$ は整数であるから，$4(250a+25b)$ は4の倍数である。
よって，$10c+d$，すなわち，下2けたの数が4の倍数であれば，この4けたの自然数は4の倍数である。
(2) 26個
[解説] (2) 1000以上1100以下の数の下2けたの数のうち，4の倍数であるものは，00（$=0$），04，08，12，……，96，00（$=100$）である。

5 5373，5376，5379
[解説] この4けたの自然数の千の位の数と一の位の数を入れかえた数は15の倍数で，一の位の数は0ではないから5である。よって，この入れかえた数の千の位の数をxとすると，3の倍数となるためには，各位の数の和 $x+3+7+5=x+15$ が3の倍数でなければならない。$x\neq 0$ であるから，$x=3$，6，9

6 109，110，111，112，113
[解説] 連続する5つの整数のうち真ん中の数をxとすると，この5つの数の和は，$(x-2)+(x-1)+x+(x+1)+(x+2)=5x$　　$5x=555$ より，$x=111$

7 $a=17$
[解説] a，b，c，d は連続する正の奇数であるから，$b=a+2$，$c=a+4$，$d=a+6$
$(b+c)^2=6(d^2-a^2)+160$ より，$\{(a+2)+(a+4)\}^2=6\{(a+6)^2-a^2\}+160$
整理すると，$a^2-12a-85=0$　　これを解くと，$a=-5$，17

8 (ア) 7 (イ) $2n-1$ (ウ) n^2

解説 1番目のタイルの数は1個で，加えるタイルの数は2番目に3個，3番目に5個であるから，4番目は7個である。
よって，n 番目に加えるタイルの数は，n 番目の奇数，すなわち，$(2n-1)$ 個である。
また，1番目のタイルの総数は1個，2番目のタイルの総数は4個，3番目のタイルの総数は9個であるから，n 番目のタイルの総数は n^2 個である。
ゆえに，$1+3+5+\cdots\cdots+(2n-1)=n^2$ が成り立つ。

参考 これは，1から始まる n 個の奇数の和は n^2 となる（公式）ことを説明したものである。

9 (1) 165 (2) 231 (3) 42 個

解説 (1) 連続する7個の正の整数のうちの真ん中の数を x とすると，この7個の数の和は，$(x-3)+(x-2)+(x-1)+x+(x+1)+(x+2)+(x+3)=7x$
よって，$7x=1155$

(2) 連続する10個の正の整数のうち5番目の数を y とすると，この10個の数の和は，
$(y-4)+(y-3)+(y-2)+(y-1)+y+(y+1)+(y+2)+(y+3)+(y+4)+(y+5)$
$=10y+5$　　$10y+5=1155$ より，$y=115$
よって，最大の数は120，最小の数は111 である。

(3) 連続する n 個の正の整数のうちの最小の数を a とすると，最大の数は $a+n-1$ で，この n 個の整数の和が1155のとき，$\dfrac{n(a+a+n-1)}{2}=1155$

よって，$n(2a+n-1)=2310$　　$a\geqq 1$ であるから，$2a+n-1>n$ ……①
$2310=2\times 3\times 5\times 7\times 11$ であるから，①を満たす最大の整数 n は，$n=2\times 3\times 7=42$
このとき，$2a+n-1=5\times 11=55$ より，$a=7$

別解 (2) 連続する10個の正の整数のうちの最大の数と最小の数の和を Z とすると，
この10個の数の和は，$\dfrac{10Z}{2}=5Z$　　よって，$5Z=1155$

10 (1) (ア) 十の位の数どうしの積 (イ) 87 (ウ) 27

(2) 掛けられる数の十の位の数を a，掛ける数の十の位の数を b，一の位の数を c として，この2けたの自然数の積を計算すると，
$(10a+c)(10b+c)=100ab+10ac+10bc+c^2=100ab+10(a+b)c+c^2$
$a+b=10$ より，$100ab+10(a+b)c+c^2=100ab+100c+c^2=100(ab+c)+c^2$
c^2 は一の位の数の積，$ab+c$ は十の位の数どうしの積に一の位の数を加えたものであるから，(1)の手順はこのような2けたの自然数の積を求める正しい方法である。

解説 (1) $24=7\times 3+3$ であるから，24 は2つの自然数の十の位の数どうしの積に，一の位の数を加えたものである。
また，$49=7\times 7$ で，$23=8\times 2+7$

11 連続する5つの自然数は，$n-2$，$n-1$，n，$n+1$，$n+2$（n は3以上の整数）と表される。　　$(n+2)^2-(n-2)^2=n^2+4n+4-(n^2-4n+4)=8n$
ゆえに，連続する5つの自然数について，最も大きい数の2乗から最も小さい数の2乗を引いた差は，中央の数の8倍になる。

12 (1) A の十の位の数を x，一の位の数を y とすると，$A=10x+y$，$B=10y+x$
よって，$A+B=(10x+y)+(10y+x)=11x+11y=11(x+y)$
$x+y$ は整数であるから，$11(x+y)$ は 11 の倍数である。
ゆえに，$A+B$ は 11 の倍数である。

(2) $A=92$，81

解説 (2) (1)と同様に，$A=10x+y$，$B=10y+x$ とすると，
$A-B=(10x+y)-(10y+x)=9(x-y)$
$A>B$ であるから，$A-B$ は正の整数で，これが 7 の倍数になるためには，$x-y=7$
よって，$x=9$，$y=2$，または，$x=8$，$y=1$

13 (1) 2つの続いた正の偶数は，n を自然数として，$2n$，$2n+2$ と表される。
$(2n)^2+(2n+2)^2-2=4n^2+4n^2+8n+4-2=8n^2+8n+2=2(4n^2+4n+1)$
$=2(2n+1)^2$　　n は自然数であるから，$2n+1$ は正の奇数である。
ゆえに，2つの続いた正の偶数の平方の和から2を引くと，正の奇数の平方の2倍になる。
(2) 20，22
解説 (2) (1)と同様に，2つの続いた正の偶数を $2n$，$2n+2$ とすると，$2(2n+1)^2$ が 3 けたの 7 の倍数になる。$2n+1$ は奇数の 7 の倍数で，$100 \leq 2(2n+1)^2 < 1000$ であるから，$2n+1=21$　　よって，$n=10$

14 $N=37$
解説 300 を N で割ったときの余りを r とすると，商は $2r$ であるから，
$300=N\times 2r+r=r(2N+1)$　　ただし，$0<r<N$
N は 2 けたの自然数であるから，$21 \leq 2N+1 \leq 199$ で，$2N+1$ は奇数である。
$300=2^2\times 3\times 5^2$ であるから，$2N+1=25$，75　　よって，$N=12$，37

15 19
解説 異なる 4 つの整数を小さい方から順に a，b，c，d とすると，$a+b$，$a+c$，$a+d$，$b+c$，$b+d$，$c+d$ のうちで最も小さいものは $a+b$，2番目に小さいものは $a+c$，最も大きいものは $c+d$，2番目に大きいものは $b+d$ であるから，
$a+b=27$，$a+c=38$，$b+d=61$，$c+d=72$
よって，$b=27-a$，$c=38-a$，$d=61-b=72-c=34+a$ より，
$a+d=2a+34$，$b+c=65-2a$
$a+d$ は偶数，$b+c$ は奇数であるから，$a+d=50$，$b+c=49$
このとき，$2a+34=50$，$65-2a=49$ より，$a=8$

16 (1) (ア) $100A+B$　(イ) 99　(ウ) 11　(2) 3025，9801
解説 (2) $99A$ は 9900 未満の連続する 2 つの整数の積で，9 と 11 の公倍数であるから，これを満たす 2 つの整数の積は，$45\times 44=99\times 20$ ……①，$55\times 54=99\times 30$ ……②，99×98 ……③ の 3 通りだけである。
①のとき $A=20$，$B=25$　　②のとき $A=30$，$B=25$　　③のとき $A=98$，$B=1$

17 (1) 右の表　(2) 4

解説 (1) 1 から 4 までの整数 m，n について，演算 $m*n$ を計算する。$1*2=2*1=2$，$1*3=3*1=3$，$1*4=4*1=4$
$2*3$ は $2*1$ とも $2*2$ とも異なるので，3 か 4 である。
$2*3=3$ とすると，$3*2=3=3*1$ となり，$3*1 \neq 3*2$ に反する。

(1)
m\\n	1	2	3	4
1	1	2	3	4
2	2	1	4	3
3	3	4	1	2
4	4	3	2	1

(2)
m\\n	1	2	3	4
1	1	2	3	4
2	2	1	4	3
3	3	4	2	1
4	4	3	1	2

(2) (1)と同様に，演算 $m*n$ を計算すると，上の表のようになる。
$2*3$ は $2*1$ と異なるので，1 か 3 か 4 である。
$2*3=1$ とすると，$3*2=1=3*4$ となり，$3*2 \neq 3*4$ に反する。
また，$2*3=3$ とすると，$3*2=3=3*1$ となり，$3*1 \neq 3*2$ に反する。

18 (1) 6 (2) $x=1$, 5

解説 (1) $6⊗4=3$, $3⊗5=1$ であるから, $2⊕3⊕1=5⊕1$
(2) $x⊗x⊕x⊕5=0$ のとき, x^2+x+5 は7で割り切れる。
0から6までの整数でこれを満たすxを求める。

19 (1) $40n-38$ (2) 6組目の山の一番上から17枚目

解説 (1) $(n-1)$組目の山の一番下にあるカードに書かれた数は, $20(n-1)$番目の偶数, すなわち, $2×20(n-1)=40n-40$ である。
ゆえに, n組目の山の一番上にあるカードに書かれた数は, $40n-40+2$
(2) $234=2×117$ より, 234は117番目の偶数である。 $117=20×5+17$

20 (1) 8 (2) 51番目 (3) 171

解説 (1) 1, 2, 3, 4, 5, | 2, 3, 4, 5, 6, | 3, 4, 5, …… のように4つずつに区切って, 第1組, 第2組, 第3組, 第4組, …… とすると, その左端の数は 1, 2, 3, 4, …… と並んでいる。
$26=4×6+2$ より, 最初から数えて26番目の数は第7組の左から2番目の数である。
(2) 15がはじめて出てくるのは第12組の左から4番目の数のときで, 2回目に出てくるのは第13組の左から3番目の数のときである。
(3) $30=4×7+2$ より, 最初から数えて30番目の数は第8組の左から2番目の数である。第1組, 第2組, 第3組, …… の4つの数の和は, 10, 14, 18, …… であるから, 求める和は, $10+14+18+……+34+(8+9)=\dfrac{7(10+34)}{2}+17$

21 (1) 順に, 13, 第10グループのC (2) 第123グループの④

解説 (2) 第nグループのA, B, Cの部分に書く自然数は $3n-2$, $3n-1$, $3n$ であるから, 第nグループの⑦, ④, ⑨の部分に書く自然数はそれぞれ
$(3n-2)+(3n-1)=6n-3$, $(3n-1)+3n=6n-1$, $(3n-2)+3n=6n-2$ となる。
$737=6×123-1$

22 四角形で囲んだ4つの数のうち, 左上の数をnとすると, 右上, 左下, 右下の数はそれぞれ $n+1$, $n+7$, $n+8$ と表されるから, $n+(n+8)=2n+8$,
$(n+1)+(n+7)=2n+8$
よって, $n+(n+8)=(n+1)+(n+7)=2n+8=2(n+4)$
ゆえに, 左上の数と右下の数の和と, 右上の数と左下の数の和はいつも等しく, 左上の数と4との和の2倍である。

23 (1) 6列目の左から5番目
(2) $b=a+1$, $c=a+9$, $d=a+10$ より,
$bc-ad=(a+1)(a+9)-a(a+10)=a^2+10a+9-(a^2+10a)=9$
よって, 示された。
(3) 138

解説 (1) $50=9×5+5$
(3) 図1 (→本文p.20) のように並んでいるとき, Aさんはx列目の左から3番目にいたとすると, $9(x-1)+3=3(x+30)$ これを解くと, $x=16$

24 (1) $e=85$ (2) $e=52$

解説 (1) $b=e-10$, $d=e-1$, $f=e+1$, $h=e+10$ より, $b+d+e+f+h=425$ のとき, $5e=425$
(2) $a=e-11$, $i=e+11$, $c=e-9$, $g=e+9$ より, $ai+cg=100e+6$ のとき,
$(e-11)(e+11)+(e-9)(e+9)=100e+6$
整理すると, $e^2-50e-104=0$ これを解くと, $e=-2$, 52

2章 離散的な数量に関する問題

1 50円切手14枚, 80円切手8枚
解説 50円切手をx枚, 80円切手をy枚買ったとすると,
$$\begin{cases} 6+x+y=28 \\ 10\times 6+50x+80y=1400 \end{cases} \text{よって,} \begin{cases} x+y=22 \\ 5x+8y=134 \end{cases}$$

2 A班36箱, B班45箱
解説 A班がx箱, B班がy箱販売したとすると,
$$\begin{cases} 1200x+800y=79200 \\ 1200x=800y\times 1.2 \end{cases} \text{よって,} \begin{cases} 3x+2y=198 \\ 5x=4y \end{cases}$$

3 新聞紙370kg, 雑誌270kg
解説 新聞紙を$x$kg, 雑誌を$y$kg集めたとすると,
$$\begin{cases} x+180+y=820 \\ \dfrac{x}{10}+\dfrac{180}{12}+\dfrac{y}{15}=70 \end{cases} \text{よって,} \begin{cases} x+y=640 \\ 3x+2y=1650 \end{cases}$$

4 (1) りんご120円, みかん80円
(2) りんご7個とみかん3個, りんご1個とみかん12個
解説 (1) りんご1個とみかん1個の値段をそれぞれx円, y円とすると,
$$3x+9y=5x+6y=1080 \quad \text{よって,} \begin{cases} 2x=3y \\ x+3y=360 \end{cases}$$
(2) りんごをa個, みかんをb個買うと代金が1080円になるとすると,
$120a+80b=1080 \quad 2b=3(9-a)$
bは3の倍数, $9-a$は2の倍数で $b>0$, $9-a>0$ であるから,
$b=3$ のとき, $9-a=2$ $b=6$ のとき, $9-a=4$
$b=9$ のとき, $9-a=6$ $b=12$ のとき, $9-a=8$

5 500円硬貨3枚, 100円硬貨8枚, 50円硬貨14枚
解説 500円硬貨x枚, 100円硬貨y枚, 50円硬貨z枚になったとすると,
$$\begin{cases} x+y+z=25 \\ 500x+100y+50z=1000\times 3 \end{cases} \text{よって,} \begin{cases} x+y+z=25 \\ 10x+2y+z=60 \end{cases}$$
y, zをxで表すと, $y=35-9x$, $z=8x-10$
ただし, x, y, zは3以上の整数

6 (1) ボールペン8本, 鉛筆6本
(2) ボールペン18本と鉛筆11本, ボールペン26本と鉛筆2本
解説 (1) ボールペンをa本, 鉛筆をb本買うとすると, $90a+80b=1200$
$9a=8(15-b)$
a, bは自然数であるから, aは8の倍数で, $a=8$ のとき, $15-b=9$
$a\geqq 16$ のときは, $b<0$ となり不適。
(2) ボールペンをx本, 鉛筆をy本買うとする。
$1\leqq x\leqq 9$ のとき, $x+y=30$ $90x+80y=2500$ より, $9x+8(30-x)=250$
よって, $x=10$ これは $1\leqq x\leqq 9$ に適さない。
$10\leqq x\leqq 19$ のとき, $x+y=29$ $90x+80y=2500$ より, $9x+8(29-x)=250$
よって, $x=18$ これは $10\leqq x\leqq 19$ に適する。

$20 \leqq x \leqq 29$ のとき，$x+y=28$　　$90x+80y=2500$ より，$9x+8(28-x)=250$
よって，$x=26$　　これは $20 \leqq x \leqq 29$ に適する。

7　125 人

解説　プラネタリウムと天文台の両方に入った人が x 人，天文台だけに入った人が y 人であったとすると，プラネタリウムだけに入った人は $(180-x)$ 人であるから，
$$\begin{cases} 180+y+10=250 \\ 100\times 250+400x+300(180-x)+200y=97500 \end{cases}$$
これを解くと，$x=65$，$y=60$

8　206 個

解説　大きい袋が x 袋，小さい袋が y 袋あったとすると，
$\begin{cases} x+y=45 \\ 4x+3y+48=6x+4(y-5) \end{cases}$　　よって，$\begin{cases} x+y=45 \\ 2x+y=68 \end{cases}$
これを解くと，$x=23$，$y=22$

9　生徒の人数 30 人，1 人に配ったノートの冊数 7 冊

解説　はじめからいた生徒の人数を x 人，はじめに 1 人に配ったノートの冊数を y 冊とすると，$xy=(x+5)(y-1)=210$　　よって，$\begin{cases} xy=210 \cdots\cdots ① \\ xy-x+5y=215 \cdots\cdots ② \end{cases}$
①を②へ代入すると，$210-x+5y=215$　　$x=5y-5$ ……③
③を①へ代入すると，$y(5y-5)=210$　　$y^2-y-42=0$
これを解くと，$y=-6$，7

10　男子 130 人，女子 120 人

解説　男子と女子の生徒数をそれぞれ x 人，y 人とすると，
$\begin{cases} 0.7x+0.45y=0.58(x+y) \\ 0.7x=0.45y+37 \end{cases}$　　よって，$\begin{cases} 12x=13y \\ 14x=9y+740 \end{cases}$

11　1 : 5

解説　男子の合格者と不合格者をそれぞれ $10a$ 人，$2b$ 人とすると，女子の合格者と不合格者はそれぞれ $7a$ 人，b 人である。
$(10a+2b):(7a+b)=15:8$ より，$8(10a+2b)=15(7a+b)$　　よって，$b=25a$
ゆえに，$10a:2b=10a:50a$

12　59400 円

解説　100 円硬貨を x 枚，1000 円札を y 枚，合計で a 円持って買い物に出かけたとすると，$\begin{cases} 100x+1000y=a \\ 100y+1000x=a-\dfrac{2}{3}a \end{cases}$　　よって，$\begin{cases} x+10y=\dfrac{a}{100} \\ 10x+y=\dfrac{a}{300} \end{cases}$

これを解くと，$x=\dfrac{7}{29700}a$，$y=\dfrac{29}{29700}a$

x，y が整数であることより，a は 29700 の倍数で約 60000 であるから，
$a=29700\times 2$

13　1500 円

解説　シュークリーム 1 個の値段を x 円とすると，$8x+220=10\times 0.9x+60$
これを解くと，$x=160$

14 69人
　　|解説| 宿舎の部屋数を x 部屋とすると，$4x+5=5(x-3)+4$
　　これを解くと，$x=16$

15 購入する絵の具 26 本，定められた予算 10500 円
　　|解説| 購入する絵の具の本数を x 本とすると，
　　$1300\times 5+220x-1720=1100\times 5+190x+60$

16 11 枚
　　|解説| 長方形の紙を x 枚使ったとすると，$15x-3(x-1)=135$

17 (1) 65 cm² 　(2) $n=21$
　　|解説| (1) 8 枚の紙をつなぎ合わせたとき，のりしろは 7 か所だから，$8\times 3^2-7\times 1^2$
　　(2) n 枚の紙をつなぎ合わせたとき，のりしろは $(n-1)$ か所だから，
　　$n\times 3^2-(n-1)\times 1^2=169$ 　 $9n-n+1=169$

18 (1) 16 本　(2) 45 枚　(3) (n^2+n+5) 本
　　|解説| (1) プリントが 9 枚のときは，右の図のように重ねて四隅を留めればよい。
　　(2) 縦に n 枚，横に n 枚，全部で n^2 枚のプリントを貼るとき，画びょうは $(n+1)^2$ 本必要である。
　　$60=8^2-4$ だから，縦に 7 枚，横に 7 枚，全部で 49 枚のプリントから，最後の 4 枚を減らせばよい。
　　(3) 縦に n 枚，横に n 枚，全部で n^2 枚のプリントから，$(n-4)$ 枚のプリントを減らせばよいから，必要な画びょうの本数は，$(n+1)^2-(n-4)$

19 36 歳
　　|解説| ある年，姉が誕生日を迎えたときの姉の年齢を x 歳とすると，28 年後の妹の誕生日，姉の誕生日の 3 人の年齢は，右の表のようになる。

	ある年の姉の誕生日	28 年後の妹の誕生日	28 年後の姉の誕生日
姉の年齢	x	$x+27$	$x+28$
妹の年齢	$x-3$	$x+25$	$x+25$
父の年齢	$5x$	$5x+28$	$5x+28$

　　よって，$(x+27)+(x+25)=5x+28$ 　これを解くと，$x=8$

20 7 回
　　|解説| A さんがじゃんけんに勝った回数を x 回とすると，B さんがじゃんけんに勝った回数は $(12-x)$ 回であるから，$2x-(12-x)=2(12-x)-x+6$
　　|参考| じゃんけん 1 回につき，じゃんけんに勝った方と負けた方では 3 段の差がつくから，$3x-3(12-x)=6$ としてもよい。

21 由美さん 10 回，陽子さん 4 回
　　|解説| 由美さんと陽子さんの勝った回数をそれぞれ x 回，y 回とすると，引き分けの回数は $(20-x-y)$ 回であるから，
　　$\begin{cases} x=y+6 \\ 3x+(20-x-y)=2\{3y+(20-x-y)\} \end{cases}$ 　よって，$\begin{cases} x-y=6 \\ 4x-5y=20 \end{cases}$

22 (1) $(y, z)=(1, 5)$
　　(2) $(x, y, z)=(3, 0, 4), (3, 3, 2), (4, 2, 1), (5, 1, 0)$
　　|解説| (1) $5x+2y+3z=27$ ……① に，$x=2$ を代入すると，$10+2y+3z=27$
　　$2y+3z=17$ 　ただし，$y\leq 2$

(2) $x=1$ のとき，①に代入すると，$5+2y+3z=27$　　$2y+3z=22$
$y\leqq 1$ だから，これを満たす0以上の整数 y，z は存在しない。
①より，$0<x\leqq 5$ であるから，$x=3$，4，5 の各場合について，①と $y\leqq x$ を満たす0以上の整数 y，z の組を求める。
$x=3$ のとき $2y+3z=12$　　$x=4$ のとき $2y+3z=7$　　$x=5$ のとき $2y+3z=2$

23 (1) 6個　(2) 6通り
[解説] (1) 裕太君が箱 A と箱 B に碁石を入れた回数をそれぞれ x 回，y 回とすると，
$\begin{cases} x+y=11 \\ 2x+3y=30 \end{cases}$　これを解くと，$x=3$，$y=8$
(2)「さあ」というかけ声をかけた回数が a 回で，箱 A と箱 B に碁石を入れた回数がそれぞれ x 回，y 回であるとすると，
$\begin{cases} x+y=a \\ 2x+3y=30 \end{cases}$　これを x，y について解くと，$\begin{cases} x=3(a-10) \\ y=2(15-a) \end{cases}$
x，y は0以上の整数であるから，$a-10\geqq 0$，$15-a\geqq 0$ より，$10\leqq a\leqq 15$
a は正の整数であるから，$a=10$，11，12，13，14，15
[注意] (2)では，すべての碁石が箱 A に入れられる場合のかけ声は15回，すべての碁石が箱 B に入れられる場合のかけ声は10回であるから，「さあ」のかけ声は10回から15回まで，全部で6通りと簡単に求められるが，11回から14回までのときも実際にあり得るということを示すために，上のように解く方がよい。

24 156cm
[解説] 生徒Fの値（身長から160cmを引いた値）を x とすると，
$8-2+5+0+2+x=(161.5-160)\times 6$　　これを解くと，$x=-4$

25 (1) 5.5本　(2) 7本倒した人数5人，9本倒した人数4人
[解説] (1) 資料の数が30個のときの中央値は，倒したピンの本数を少ない方から並べたときの15番目と16番目の人の平均である。
15番目の人は5本，16番目の人は6本倒した。
(2) 倒したピンの本数が7本の人数を x 人，9本の人数を y 人とする。
$4+3+0+6+1+1+2+3+1=21$，
$0\times 4+1\times 3+2\times 0+3\times 6+4\times 1+5\times 1+6\times 2+8\times 3+10\times 1=76$ より，
$\begin{cases} x+y+21=30 \\ 7x+9y+76=4.9\times 30 \end{cases}$　よって，$\begin{cases} x+y=9 \\ 7x+9y=71 \end{cases}$

26 72.5点
[解説] 女子全員の平均点を x 点とすると，$18\times 68.5+22x=(18+22)\times 70.7$
$22x=1595$

27 (1) 30点の生徒4人，生徒の総数81人　(2) 32人
[解説] (1) 得点が30点の生徒の人数を x 人として，評価 A の生徒と評価 C の生徒の平均点を比較すると，
$\dfrac{80\times 5+90\times 4+100\times 1}{5+4+1}=\dfrac{0\times 4+10\times 2+20\times 5+30x}{4+2+5+x}+70$　　$86=\dfrac{120+30x}{11+x}+70$
よって，$16(11+x)=120+30x$　　これを解くと，$x=4$
つぎに，得点が40点，50点，70点の生徒の人数の合計を y 人とすると，評価 A，B，C の生徒の人数は，それぞれ10人，$(y+7)$人，15人であるから，得点が30点以上の生徒の総得点について，$65\{10+(y+7)\}+30\times 4=63\{10+(y+7)+4\}$
$65(y+17)+120=63(y+21)$　　これを解くと，$y=49$
よって，評価 B の生徒は，$49+7=56$（人）

(2) 得点が 40 点, 50 点, 70 点の生徒の人数をそれぞれ p 人, q 人, $(49-p-q)$ 人とすると, $p>7$, $q>7$, $49-p-q>7$ ……①
また, 合格者の総得点について,
$40p+50q+60\times 7+70(49-p-q)+80\times 5+90\times 4+100\times 1=65(56+10)$
$30p+20q=420$ よって, $2q=3(14-p)$ ……②
p, q は①, ②を満たす自然数で, q は 3 の倍数であるから, $p=8$, $q=9$

28 2100 円
[解説] 預けた金額を x 円とすると, $1.05x-105=x$ $0.05x=105$

29 A の定価 300 円, B の定価 400 円
[解説] A の定価を x 円, B の定価を y 円とすると,
$\begin{cases} 2x+3y=1800 \\ 4\times 0.8x+3\times 0.7y=1800 \end{cases}$ よって, $\begin{cases} 2x+3y=1800 \\ 32x+21y=18000 \end{cases}$

30 A の定価 80 円, B の定価 380 円, 割引率 4 割
[解説] A, B の定価をそれぞれ x 円, y 円とすると, 1 回目, 2 回目の購入より,
$\begin{cases} 7x+4y=2080 \\ 3x+5y=2140 \end{cases}$ これを解くと, $x=80$, $y=380$
つぎに, 割引率を a 割とすると, 3 回目の購入より,
$(9\times 80+6\times 380)\left(1-\dfrac{a}{10}\right)=1800$ $1-\dfrac{a}{10}=\dfrac{3}{5}$

31 $x=15$
[解説] 定価は $2000\left(1+\dfrac{x}{100}\right)$ 円で, その $x\%$ 引きの値段は
$2000\left(1+\dfrac{x}{100}\right)\left(1-\dfrac{x}{100}\right)$ 円であるから, $2000\left(1+\dfrac{x}{100}\right)\left(1-\dfrac{x}{100}\right)=2000-45$
$2000-\dfrac{x^2}{5}=2000-45$ よって, $x^2=225$

32 (1) $x=150$ (2) $y=2$
[解説] (1) 2 日目に売れ残った個数は, $\dfrac{8}{10}x\times\dfrac{5}{8}=\dfrac{1}{2}x$ (個) であるから, $\dfrac{1}{2}x=75$

(2) 1 日目の定価は $375\left(1+\dfrac{6}{10}\right)=600$ (円), 2 日目の売り値は $600\left(1-\dfrac{y}{10}\right)$ 円,

3 日目の売り値は $600\left(1-\dfrac{y}{10}\right)\left(1-\dfrac{2y}{10}\right)$ 円である。

また, 1 日目に売れた個数は $\dfrac{2}{10}\times 150=30$ (個), 2 日目に売れた個数は

$\dfrac{8}{10}\times\dfrac{3}{8}\times 150=45$ (個), 3 日目に売れた個数は 75 個であるから,

$30\times 600+45\times 600\left(1-\dfrac{y}{10}\right)+75\times 600\left(1-\dfrac{y}{10}\right)\left(1-\dfrac{2y}{10}\right)=375\times 150+4950$

これを整理すると, $y^2-18y+32=0$ これを解くと, $y=2$, 16

33 男子 220 人, 女子 216 人
[解説] 昨年の男子, 女子の人数をそれぞれ x 人, y 人とすると,
$\begin{cases} x+y=440 \\ 0.1x-0.1y=-4 \end{cases}$ よって, $\begin{cases} x+y=440 \\ x-y=-40 \end{cases}$
これを解くと, $x=200$, $y=240$

34 電気代 289 円，水道代 171 円

解説 昨年1月の1日あたりの電気代と水道代をそれぞれ x 円，y 円とすると，
$\begin{cases} x+y=530 \\ 0.85x+0.9y=460 \end{cases}$ よって，$\begin{cases} x+y=530 \\ 17x+18y=9200 \end{cases}$
これを解くと，$x=340$，$y=190$

35 (1) $(1.25x+0.05y)$ 人 (2) $x=20$，$y=140$

解説 (1) 1日目の大人の入場者数が x 人，子どもの入場者数が y 人であるから，
2日目の子どもの入場者数は $1.2y$ 人である。
大人と子どもの入場者数の合計は $1.25(x+y)$ 人であるから，
2日目の大人の入場者数は，$\{1.25(x+y)-1.2y\}$ 人

(2) $\begin{cases} 2100x+600y=126000 \\ 2100(1.25x+0.05y)+600\times 1.2y=126000\times\dfrac{4}{3} \end{cases}$ よって，$\begin{cases} 7x+2y=420 \\ 35x+11y=2240 \end{cases}$

36 (1) 8月分 $3500=1000+b(220-a)$，9月分 $2890=1000+1.08b(190-a)$
(2) $a=120$，$b=25$

解説 (2) $3500=1000+b(220-a)$ より，$b(220-a)=2500$ ……①
$2890=1000+1.08b(190-a)$ より，$1.08b(190-a)=1890$ ……②
②より，$b(190-a)=1750$ ……③
①-③ より，$30b=750$，$b=25$

37 (1) 1100 円 (2) 5 人 (3) B 駅で乗り，E 駅で降りた。

解説 (1) B 駅から C 駅までの距離は 7km で，乗車距離が 7km のときの大人の片道運賃は 220 円である。
(2) A 駅から C 駅までの距離は 10.3km，A 駅から E 駅までの距離は 31.2km であるから，$\begin{cases} x+y=8 \\ 270x+640y=3270 \end{cases}$ よって，$\begin{cases} x+y=8 \\ 27x+64y=327 \end{cases}$

(3) 大人の片道運賃を a 円とすると，$9a+6\times\dfrac{1}{2}a=6480$ $a=540$

大人の片道運賃が 540 円となる乗車距離は 25km から 30km である。

38 (1) LED 電球 40 個，白熱電球 20 個
(2) (ア) 200 (イ) 46 (ウ) $276x+100$ (エ) $276x+200$ (3) 12 か月目以降

解説 (1) LED 電球と白熱電球をそれぞれ a 個，b 個取りつけたとすると，
$\begin{cases} 3000a+100b=122000 \\ 10a+60b=1600 \end{cases}$ よって，$\begin{cases} 30a+b=1220 \\ a+6b=160 \end{cases}$

(2) $40000\div 200=200$，$1000\div 200=5$ であるから，LED 電球，白熱電球の寿命はそれぞれ 200 か月，5 か月である。
また，$0.23\times 200=46$，$1.38\times 200=276$ であるから，LED 電球，白熱電球の1か月の電気料金はそれぞれ 46 円，276 円である。

(3) $0\leqq x\leqq 5$ のとき，$46x+3000<276x+100$ これを解くと，$x>\dfrac{290}{23}=12\dfrac{14}{23}$

これは，$0\leqq x\leqq 5$ に適さない。

$5<x\leqq 10$ のとき，$46x+3000<276x+200$ これを解くと，$x>\dfrac{280}{23}=12\dfrac{4}{23}$

これは，$5<x\leqq 10$ に適さない。

$10<x\leqq 15$ のとき，$46x+3000<276x+300$ これを解くと，$x>\dfrac{270}{23}=11\dfrac{17}{23}$

3章 連続的な数量に関する問題

1 20 cm

解説 正方形の1辺の長さを x cm とすると，$(x+5)(x-12)=\dfrac{1}{2}x^2$
$x^2-14x-120=0$　これを解くと，$x=-6, 20$

2 2 m

解説 道の幅を x m とする。道をそれぞれ端に寄せて，花壇の部分を一つにまとめて式をつくると，$(18-x)(22-x)=320$　　$x^2-40x+76=0$
これを解くと，$x=2, 38$

3 (1) $2:1$, $3:1$　(2) 8, 9

解説 (1) AB＝BE＝x, EC＝CF＝y とすると，$x(x+y)=6y(x-y)$
$x^2-5xy+6y^2=0$　　$(x-2y)(x-3y)=0$　よって，$x=2y, x=3y$
(2) 長方形 ABCD の面積は 12，長方形 GHFD の面積は 2 で，長方形 ABCD の面積は長方形 GHFD の面積の 6 倍であるから，(1)より，$x=2y, x=3y$
$x=2y$ のとき，$x(x+y)=6y^2=12$　　$y^2=2$　このとき，$x^2=4y^2$
$x=3y$ のとき，$x(x+y)=12y^2=12$　　$y^2=1$　このとき，$x^2=9y^2$

4 12 cm

解説 もとの紙の縦の長さを x cm とする。
$4(x-8)(x+2-8)=96$ より，$(x-8)(x-6)=24$　　$x^2-14x+24=0$
これを解くと，$x=2, 12$

5 $x=160$

解説 $\dfrac{3}{100}\times 400+\dfrac{5}{100}x=\dfrac{4}{100}(400+x-60)$ より，$1200+5x=4(340+x)$

6 $x=1450$, $y=150$

解説 $\dfrac{5}{100}(x-100)=\dfrac{4.5}{100}(x-100+y)$ より，$x-9y=100$ ……①

$\dfrac{2.5}{100}(x-y)=\dfrac{2}{100}(x-y+325)$ より，$x-y=1300$ ……②

①，②を連立させて解く。

7 (1) 25 kg　(2) 薬品 X は 15 kg，薬品 Y は 16 kg

解説 (1) $10\times\dfrac{2}{5}+28\times\dfrac{3}{4}$
(2) 薬品 X が x kg，薬品 Y が y kg 製造できるとすると，
$\dfrac{2}{5}x+\dfrac{3}{4}y=18$, $\dfrac{3}{5}x+\dfrac{1}{4}y=13$　よって，$\begin{cases}8x+15y=360\\12x+5y=260\end{cases}$

8 A は 12％，B は 3％

解説 はじめに A，B に入っていた食塩水の濃度をそれぞれ x％，y％ とする。
A から B へ 200 g 移した後の B の食塩水の濃度は，
$\left(\dfrac{x}{100}\times 200+\dfrac{y}{100}\times 400\right)\div(200+400)\times 100=\dfrac{x+2y}{3}$（％）

BからAへ200g戻した後のAの食塩水について,
$\dfrac{x}{100}\times 400+\dfrac{x+2y}{300}\times 200=\dfrac{10}{100}(400+200)$ より, $7x+2y=90$ ……①
最後にすべて混ぜ合わせた後の食塩水について,
$\dfrac{x}{100}\times 600+\dfrac{y}{100}\times 400=\dfrac{8.4}{100}(600+400)$ より, $3x+2y=42$ ……②
①, ②を連立させて解く。

9 (1) $\left(18-\dfrac{3}{50}x\right)$ g (2) $x=100$

解説 (1) $\dfrac{6}{100}(300-x)$

(2) 最後に容器の中に残っている食塩水に含まれる食塩の量について,
$\left(18-\dfrac{3}{50}x\right)\div 300\times(300-x)=8$ $(300-x)^2=40000$
これを解くと, $x=100, 500$

10 分速75 m

解説 次郎君の歩いた速さを分速 x m とすると, $60\times(10+20)+20x=3300$

11 (1) $\begin{cases} \dfrac{x}{12}+\dfrac{y}{4}=\dfrac{10}{60} \\ \dfrac{y}{12}+\dfrac{x}{4}+\dfrac{8}{60}=\dfrac{2}{4} \end{cases}$ (2) 3.6 km

解説 (1) Aさんは出会うまでに10分間かかっているから, $\dfrac{x}{12}+\dfrac{y}{4}=\dfrac{10}{60}$

また, Bさんは出会うまでに, 自転車で $\dfrac{12}{60}\times 10=2$ (km) 走っている。
Aさんはこの2 kmを歩くのに, Bさんが本屋に到着するのにかかる時間よりも8分多くかかっているから, $\dfrac{y}{12}+\dfrac{x}{4}+\dfrac{8}{60}=\dfrac{2}{4}$ ……(*)

(2) (1)の答えの連立方程式を整理すると, $\begin{cases} x+3y=2 \\ 15x+5y=22 \end{cases}$

これを解くと, $x=1.4, y=0.2$

参考 Aさんが本屋から図書館まで行くのにかかる時間とBさんが図書館から本屋まで行くのにかかる時間に着目して, (*)は, $\dfrac{x}{12}+\dfrac{y+2}{4}=\dfrac{x}{4}+\dfrac{y+2}{12}+\dfrac{8}{60}$ としてもよい。
この式を整理すると, $5x-5y=6$ となる。

12 4時間後

解説 出発してから x 時間後に2人がすれ違ったとすると, 直人君の時速は
$\dfrac{5x}{5}=x$ (km) であるから, $x(5+x)=36$ $x^2+5x-36=0$
これを解くと, $x=-9, 4$

13 (1) $y=270x-1080$ (2) 10分48秒後

解説 (1) 求める式を $y=ax+b$ とすると, $x=4$ のとき $y=0$, $x=6$ のとき $y=540$
であるから, $\begin{cases} 0=4a+b \\ 540=6a+b \end{cases}$ これを解くと, $a=270, b=-1080$

(2) 6分後から9分後までのグラフの傾きは $\dfrac{810-540}{9-6}=90$ であるから，陽子さんの分速は $270-90=180$ (m) である。
9分後の次郎君と陽子さんたちとの距離は810mで，このとき次郎君は駅で折り返すから，折り返した次郎君が陽子さんたちと出会うまでにかかる時間は，
$810\div(270+180)=\dfrac{9}{5}$ （分）である。

14 (1) 順に，$y=1080$，$y=180x-2160$
(2) 1620 m
[解説] (1) $x=18$ のとき，$y=60\times 18=1080$
$18\leqq x\leqq 27$ のときの式を $y=180x+b$ とすると，$x=18$ のとき $y=1080$ であるから，
$1080=180\times 18+b$　よって，$b=-2160$
(2) 家から博物館までの道のりは，$1080+180\times 9=2700$ (m) である。
妹は家を出発してから博物館に到着するまで，10分間で2700m走るから，妹の分速は $\dfrac{2700}{10}=270$ (m) である。
A君が家を出発してから t 分後に郵便局の前を通過したとすると，$0\leqq t<18$ のとき，
$60t=270(t+2-17)$　　$t=\dfrac{135}{7}$　　これは，$0\leqq t<18$ を満たさない。
$18\leqq t\leqq 27$ のとき，$180t-2160=270(t+2-17)$　　$t=21$

15 (1) $\dfrac{1}{8}a\left(x-\dfrac{5}{4}\right)$ km
(2) $x=\dfrac{11}{4}$
[解説] (1) A君はQR間を時速 $\dfrac{1}{8}a$ kmの速さで，$x-\dfrac{75}{60}=x-\dfrac{5}{4}$ （時間）で歩いた。
(2) PR間の道のりを2通りで表すと，$\dfrac{75}{60}a+\dfrac{1}{8}a\left(x-\dfrac{5}{4}\right)=\dfrac{3}{4}a\left(x-\dfrac{50}{60}\right)$
よって，$\dfrac{5}{4}+\dfrac{1}{8}\left(x-\dfrac{5}{4}\right)=\dfrac{3}{4}\left(x-\dfrac{5}{6}\right)$

16 (1) $\begin{cases}3.6(x+15)=10y\\14.4(x-15)=16y\end{cases}$
(2) $x=35$，$y=18$
[解説] (1) 快速電車と4両編成の普通電車が出会ってからすれ違い終えるまでに3.6秒かかったから，$3.6(x+15)=(4+6)y$
また，快速電車が10両編成の普通電車に追い着いてから完全に抜き終えるまでに14.4秒かかったから，$14.4(x-15)=(10+6)y$
(2) (1)の答えの連立方程式を整理すると，$\begin{cases}-9x+25y=135\\9x-10y=135\end{cases}$

17 $x=25$
[解説] 2周目の速さは時速 $16\left(1+\dfrac{x}{100}\right)$ km，3周目の速さは時速 $16\left(1+\dfrac{x}{100}\right)\left(1-\dfrac{2x}{100}\right)$ kmであるから，$16\left(1+\dfrac{x}{100}\right)\left(1-\dfrac{2x}{100}\right)\times\dfrac{12}{60}=2$
よって，$x^2+50x-1875=0$　　$(x-25)(x+75)=0$

18 (1) 時速 48 km, 9 時 30 分

(2) 4 回, 9 時 17 分, $\dfrac{12}{5}$ km

解説 (1) 9 時 20 分に A 駅, B 駅を出発した列車はどちらも 20 分で, それぞれ B 駅, A 駅に到着するから, その時速は $16 \div \dfrac{20}{60} = 48$ (km) である。

また, この両列車は出発してから 10 分後にちょうど中間地点で出会う。

(2) 右の図のように, x 軸, y 軸を定める。

9 時 5 分に A 駅を出発した自転車の時速は 12 km であるから, この自転車は 10 時 5 分に A 駅から 12 km の地点を通過する。

この自転車の進むようすをグラフで表すと右の図の直線①のようになり, B 駅から来る列車と 4 回出会う。また, ①のグラフの傾き (分速) は $\dfrac{12}{60} = \dfrac{1}{5}$ であるから, ①のグラフの式は $y = \dfrac{1}{5}(x-5) = \dfrac{1}{5}x - 1$ である。

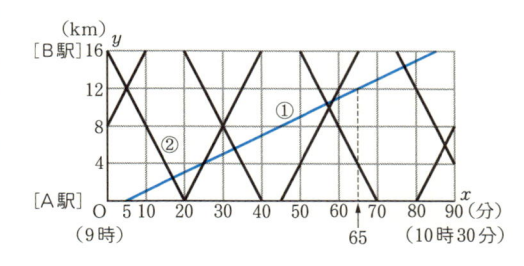

最初に出会う列車②のグラフの傾きは $-\dfrac{16}{20} = -\dfrac{4}{5}$ であるから, ②のグラフの式は, $y = -\dfrac{4}{5}x + 16$ である。

$\dfrac{1}{5}x - 1 = -\dfrac{4}{5}x + 16$ を解くと, $x = 17$

19 (1) 8 時 12 分 (2) 7 時 46 分

解説 (1) A 駅を出発した列車と B 駅を出発した列車の速さは等しく, A 駅を 8 時 5 分に出発した列車は 8 時 10 分に C 駅を出て B 駅に向かうから, B 駅を 8 時 10 分に出発した列車と B 駅と C 駅の中間地点ですれ違う。

(2) A 駅から B 駅まで列車は 8 分, 太郎君は自転車で 40 分で走るから, 太郎君の分速を a m とすると列車の分速は $5a$ m で, A 駅と B 駅の距離は $40a$ m である。

太郎君が 8 時 5 分の x 分前に A 駅を出発し, A 駅を 8 時 5 分に出発した列車が C 駅を出発してから t 分後に太郎君を追い抜いたとすると,

$\begin{cases} a(x+5+t) = 5a(4+t) \\ a\left(x+5+t+\dfrac{100}{60}\right) + 5a\left(t+\dfrac{100}{60}\right) = 40a \end{cases}$

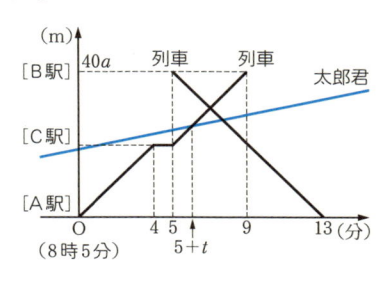

よって, $\begin{cases} x - 4t = 15 \\ x + 6t = 25 \end{cases}$

これを解くと, $x = 19$, $t = 1$

20 $a=60$, $x=60$, $y=40$

解説 特急列車と急行列車は同時にP駅を通過する予定だったから，$\dfrac{a}{x}=\dfrac{a-20}{y}$ ……①

実際にはB駅に同時に到着したから，
$\dfrac{2a}{x}+\dfrac{30}{60}=\dfrac{2a-20}{y}$ ……②

特急列車の平均時速が $0.8x$ km となったことから，$\dfrac{2a}{0.8x}=\dfrac{2a}{x}+\dfrac{30}{60}$　　$\dfrac{a}{2x}=\dfrac{1}{2}$　　$x=a$ ……③

③を①，②に代入して整理すると，$y=a-20$, $y=\dfrac{4}{5}a-8$

$a-20=\dfrac{4}{5}a-8$ より，$a=60$

21 (1) (ア) $7x$　(イ) 680　(ウ) $x+480$　(エ) 220
(2) 80 分間

解説 (1) $x=200$ のとき，
$y=420+1\times 60+2.5\times 80=680$
$200\leqq x\leqq 240$ のとき，傾きは 1 であるから，
$y-680=1\times(x-200)$
(2) 右の図のように，ジョギングによる消費量のグラフ①と読書による消費量のグラフ②を延長し，その交点を求める。
①の式は $y=7x$，②の式は $y=x+480$ であるから，$7x=x+480$

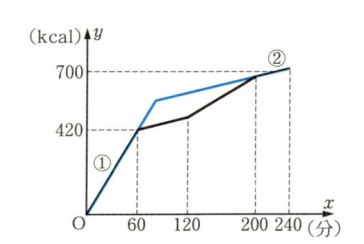

22 7 人

解説 1つの窓口で1分当たりに販売できる人数を x 人，1分当たりに行列に並ぶ人数を y 人とすると，$\begin{cases} y=x+10 \\ 150(3x-y)=300+10\times 30 \end{cases}$

よって，$\begin{cases} x-y=-10 \\ 3x-y=4 \end{cases}$

23 (1) $y=0.5x+2$　(2) $x=32$, $y=18$, $N=1152$

解説 (1) $N=2xy=2(x+4)(y-2)$ より，$xy=xy-2x+4y-8$
(2) $N=2xy=xy+2(x-8)(y-6)$ より，$xy-12x-16y+96=0$
$y=0.5x+2$ を代入して，$x(0.5x+2)-12x-16(0.5x+2)+96=0$
これを整理すると，$x^2-36x+128=0$　　これを解くと，$x=4$, 32

24 300 L

解説 ポンプA，Bで1分間にくみ出せる水の量をそれぞれ x L，y L とすると，$\begin{cases} 20(x+y)=350 \\ 40x=30y \end{cases}$　よって，$\begin{cases} 2x+2y=35 \\ 4x-3y=0 \end{cases}$

これを解くと，$x=7.5$, $y=10$

25 (1)(i) $a=30$　(ii) $c=45$　(2)(i) $b=600$　(ii) $y=0.5x+10$　(3) 20 分後，40 分後

解説 (2) 水そう B に毎分 b cm³ の割合で水を入れたとき，60分間で入った水の総量は $30\times 40\times 30=36000$ (cm³) であるから，$b=36000\div 60=600$
このとき，$600\div(30\times 40)=0.5$ より，水面は毎分 0.5 cm ずつ高くなる。

(3) 右の図のように，水そう A の一番高い水面の高さを表すグラフに水そう B の水面の高さを表すグラフをかき加えると，2 つのグラフは 2 回交わっている。
$0 \leq x \leq 30$ のとき，$0.5x+10=x$
$30 \leq x \leq 45$ のとき，$0.5x+10=30$

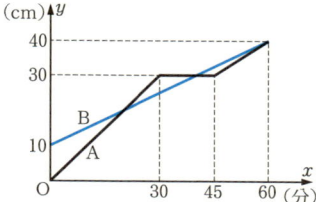

26 (1) 右の図 (2) 45 m^3
解説 (1) 排水管 a だけを開けた時間を s 分，排水管 a，b をともに開けた時間を t 分とすると，
$5(s+t)=7t=140 \div 2$ $s=4$，$t=10$
よって，4 分後のタンクの水の量は
$140-5 \times 4=120 (\text{m}^3)$ で，14 分後の水の量は 0 m^3 である。
(2) $4 \leq x \leq 14$ のとき，$y-120=\dfrac{0-120}{14-4}(x-4)$ 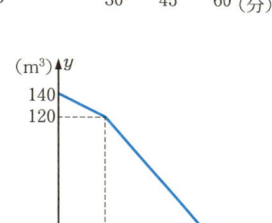
$y=-12x+168$
$y=60$ とすると，$-12x+168=60$ $x=9$

27 (1) 3 秒後 12 cm^2，9 秒後 15 cm^2
(2) $y=-3x+42$ (3) 16.5 秒後
(4) 右の図 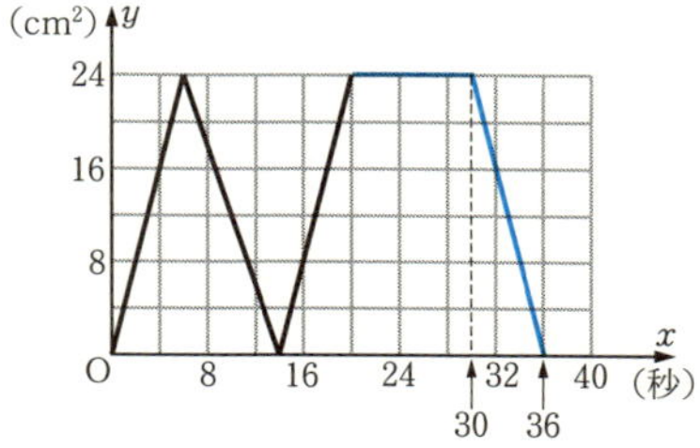
解説 (2) $6 \leq x \leq 14$ のとき，点 P は辺 BC 上にあり，$y=\dfrac{1}{2} \times (14-x) \times 6$
(3) 点 P が辺 CD 上にあるとき，$14 \leq x \leq 20$ で，
$y=\dfrac{1}{2} \times (x-14) \times 8=4x-56$
$4x-56=10$ を解く。
(4) 点 P が辺 DA 上にあるとき，DA ∥ CM であるから，△CMP＝△CMD
よって，$y=\dfrac{1}{2} \times 6 \times 8=24$ （$20 \leq x \leq 30$）

点 P が辺 AM 上にあるとき，$y=\dfrac{1}{2} \times (36-x) \times 8=-4x+144$ （$30 \leq x \leq 36$）

28 (1) $y=2x^2-12x+36$ (2) 14 cm^2
(3) 右の図 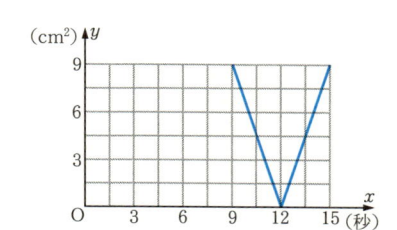
解説 (1) 点 P が辺 AB 上にあるとき，
$0 \leq x \leq 6$ で，AP＝x，BQ＝$2x$，DR＝$2x$ であるから，
$y=\dfrac{1}{2} \times \{(12-2x)+2x\} \times 6$
$-\dfrac{1}{2} \times x(12-2x)-\dfrac{1}{2} \times 2x(6-x)$
$=36-(6x-x^2)-(6x-x^2)$

(2) 点 P が A を出発してから 8 秒後の △PQR は
右の図のようになるから，
△PQR $= \dfrac{1}{2} \times (2+4) \times 12 - \dfrac{1}{2} \times 2 \times 2 - \dfrac{1}{2} \times 10 \times 4$

(3) $9 \leqq x \leqq 15$ のとき，点 P, R は辺 BC 上にあり，
点 Q は辺 DA 上にある。
BP $= x-6$, BR $= 2x-18$ より，BR$-$BP $= x-12$
であるから，
$9 \leqq x \leqq 12$ のとき，PR $= 12-x$　　$12 \leqq x \leqq 15$ のとき，PR $= x-12$
よって，$9 \leqq x \leqq 12$ のとき，$y = \dfrac{1}{2} \times (12-x) \times 6 = -3x+36$

$12 \leqq x \leqq 15$ のとき，$y = \dfrac{1}{2} \times (x-12) \times 6 = 3x-36$

29 (1) $\dfrac{16}{3}$ 秒後　(2) 右の図

解説 (1) $0 \leqq x \leqq 4$ のとき，$y = x \times 1 = x$
$4 \leqq x \leqq 8$ のとき，$y = 4 \times 1 + (x-4) \times 3 = 3x-8$
$8 \leqq x \leqq 10$ のとき，$y = 4 \times 1 + 4 \times 3 = 16$
図形 ABCEFG の面積は 16 cm² であるから，その
面積の $\dfrac{1}{2}$ は 8 cm² である。
$0 \leqq x \leqq 4$ のとき，$y \leqq 4$ であるから，$y = 8$ となる
のは $4 \leqq x \leqq 8$ のときで，$3x-8 = 8$

30 (1) $\begin{cases} 6y = 150 + 0.5x \\ 6x = 270 + 0.5y \end{cases}$

(2) $x = 47\dfrac{59}{143}$

解説 (1) 午前 5 時 x 分の短針の位置を 12 時の方向からの回転角で表すと，
$(150+0.5x)°$ である。
また，午後 9 時 y 分の長針の位置を 12 時の方向からの回転角で表すと，$6y°$ である。
これらが一致するから，$6y = 150 + 0.5x$
午前 5 時 x 分の長針の位置と午後 9 時 y 分の短針の位置も一致するから，
$6x = 270 + 0.5y$

(2) $6y = 150 + 0.5x$ より，$y = \dfrac{1}{12}x + 25$　　$6x = 270 + 0.5y$ より，$y = 12x - 540$

よって，$\dfrac{1}{12}x + 25 = 12x - 540$

31 (1) $y = 40(x-1)$, $x = 26$　(2) $t = -20k + 380$

解説 (1) $x = 1$ のとき $y = 0$ で，x が 1 増加するごとに y は 40 増加する。
(2) ゴンドラは 40 秒ごとに，$360 \div 18 = 20°$ 回転するので，1 秒当たりの回転角は
$0.5°$ である。
t 秒間の k 号車の回転角は $0.5t°$ で，1 号車が A を出発してから k 号車が A の位置に
くるまでに 1 号車は $20(k-1)°$ 回転しているから，1 号車の A の位置からの回転角
は $\{0.5t + 20(k-1)\}°$ である。
よって，$0.5t = 360 - \{0.5t + 20(k-1)\}$

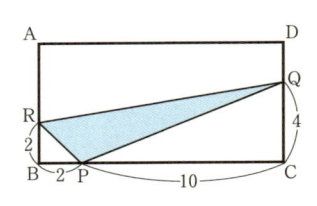

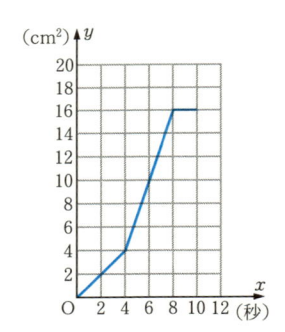

32 (1) $0 \leq x \leq 10$ のとき,$S = \dfrac{1}{6}\pi x^2$

$10 \leq x \leq 10 + \dfrac{5}{3}\pi$ のとき,$S = 10\left(10 + \dfrac{5}{3}\pi - x\right)$

グラフは右の図

(2)(i) $\dfrac{9}{4}$ 秒後から $\dfrac{127}{12}$ 秒後まで

(ii) $x = \dfrac{600 + 127\pi}{60 + 12\pi}$

[解説] (1) $0 \leq x \leq 10$ のとき,S は半径 x,中心角 $60°$ の扇形の面積であるから,$S = \pi x^2 \times \dfrac{60}{360}$

$\overparen{\mathrm{AM}} = \overparen{\mathrm{BM}} = 2\pi \times 10 \times \dfrac{60}{360} \times \dfrac{1}{2} = \dfrac{5}{3}\pi$ であるから,$10 \leq x \leq 10 + \dfrac{5}{3}\pi$ のとき,S は半径 10,弧の長さ $2\left(10 + \dfrac{5}{3}\pi - x\right)$ の扇形の面積である。

よって,$S = \dfrac{1}{2} \times 10 \times 2\left(10 + \dfrac{5}{3}\pi - x\right)$

(2)(i) 点 R は点 P が出発してから a 秒後に点 A を出発し,毎秒 b の速さで点 B まで進むとすると,R が動いているとき,$T = \dfrac{1}{2} \times 10 \times b(x-a) = 5b(x-a)$

$x = 3,\ 9$ のとき,$S = T$ であるから,$\dfrac{1}{6}\pi \times 3^2 = 5b(3-a)$,$\dfrac{1}{6}\pi \times 9^2 = 5b(9-a)$

これを連立させて解くと,$a = \dfrac{9}{4}$,$b = \dfrac{2}{5}\pi$

よって,点 R が B に到着するまで,$\dfrac{10}{3}\pi \div \dfrac{2}{5}\pi = \dfrac{25}{3}$(秒)かかる。

(ii) $\dfrac{9}{4} \leq x \leq \dfrac{127}{12}$ のとき,$T = \dfrac{1}{2} \times 10 \times \dfrac{2}{5}\pi\left(x - \dfrac{9}{4}\right) = 2\pi\left(x - \dfrac{9}{4}\right)$

$x = 3,\ 9$ のときに $S = T$ であるから,$x > 9$ のとき,$S = T$ となるのは,$x \geq 10$ のときである。

$10\left(10 + \dfrac{5}{3}\pi - x\right) = 2\pi\left(x - \dfrac{9}{4}\right)$　　$(10 + 2\pi)x = 100 + \dfrac{127}{6}\pi$

[注意] T や S を求めるとき,右の図のような半径 r,弧の長さ ℓ の扇形の面積を求める公式(**扇形 OAB**)$= \dfrac{1}{2}\ell r$ を用いた(→本文 p.80)。

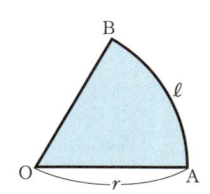

4章 総合問題

1 (1) $b=1$, $c=49$ (2) $b(a+3)(c+12)$ (3) 4組

[解説] (1) $a=30$ のとき，$30bc+360b+3bc+36b=2013$
$33bc+396b=33b(c+12)=2013$　よって，$b(c+12)=61$
b, c は自然数で，$c+12\geqq 13$ であるから，$b=1$, $c+12=61$
(2) $abc+12ab+3bc+36b=b(ac+12a+3c+36)$
(3) $b(a+3)(c+12)=2013=3\times 11\times 61$
a, b, c は自然数で，$a+3\geqq 4$, $c+12\geqq 13$ であるから，
$(b, a+3, c+12)=(1, 11, 183)$, $(1, 33, 61)$, $(1, 61, 33)$, $(3, 11, 61)$

2 (1) 606個 (2) $(1, 2, 5)$, $(1, 3, 6)$, $(1, 3, 7)$ (3) 196個

[解説] (1) k, m は自然数とする。2^k のけた数が m で，2^{k+1} のけた数が $m+1$ のとき，
$2^k < 10^m < 2^{k+1}$ より，$\dfrac{1}{2}\times 10^m < 2^k < 10^m < 2^{k+1} < 2\times 10^m$

よって，2^{k+1} の最高位の数字は1であるから，けた数が上がるときの最高位の数字は必ず1になる。
2^{2014} のけた数は607で，最高位の数字は1であるから，2^{2013} のけた数は606である。
1けたから606けたまで，最高位の数字が1であるものは各けたに1つずつある。
(2) 2^k と 2^{k+1} のけた数が同じであるとする。
2^k の最高位の数字が1のとき，2^{k+1} の最高位の数字は2か3である。
同様に，2^k の最高位の数字が2, 3, 4 のとき，2^{k+1} の最高位の数字は，それぞれ，
4か5, 6か7, 8か9である。
よって，けた数が同じものを1つの組として組み分けしたとき，それらの組の最高位の数字を小さい方から順に並べたものをすべてあげると，$(1, 2, 4, 8)$,
$(1, 2, 4, 9)$, $(1, 2, 5)$, $(1, 3, 6)$, $(1, 3, 7)$ となる。
(3) けた数が同じものを1つの組として組み分けしたとき，4個の数からなる組が x 組，3個の数からなる組が y 組あるとすると，
$\begin{cases} x+y=606 \\ 4x+3y=2014 \end{cases}$　これを解くと，$x=196$, $y=410$
4個の数からなる組の中には，最高位の数字が4であるものが必ず1個含まれ，3個の数からなる組の中には，最高位の数字が4であるものは含まれない。

3 (1) 白のタイル n^2 個，黒のタイル $(n-1)^2$ 個
(2) (1)より，白のタイルは n^2 個，黒のタイルは $(n-1)^2$ 個であるから，タイルの総数は，$n^2+(n-1)^2=n^2+n^2-2n+1=2n(n-1)+1$（個）
n は自然数であるから，$n(n-1)$ は0以上の整数で，$2n(n-1)+1$ は奇数である。
ゆえに，タイルの総数は必ず奇数である。
(3) 10番目

[解説] (3) タイルの総数が181個になるのが n 番目の模様であるとすると，
$n^2+(n-1)^2=181$　$n^2-n-90=0$
これを解くと，$n=-9, 10$

4 (1) 39 (2) $a=32$, $b=29$

[解説] (1) 10番目の表に並べられたすべての数は，9番目の表に並べられたすべての数に，さらに19と20をつけ加えたものである。

(2) a 番目の表,b 番目の表の上段で右端から 2 番目にある数は,それぞれ,$2a-3$,$2b-2$ であるから,$2a-3=2b-2+5$ $a=b+3$
よって,a 番目の表に並べられたすべての数から b 番目の表に並べられたすべての数を除いた残りの 6 個の数の和が 369 となるから,
$2a+(2a-1)+(2a-2)+(2a-3)+(2a-4)+(2a-5)=369$

5 (1) $n=7$ (2) $7:9$
解説 (1) $n\geqq 3$ のとき,n 段目の黒い箱の個数は,$2(n+n-2)=4n-4$(個)であるから,$4n-4=24$
(2) 立方体の箱の 1 辺の長さを 1 とすると,白く見える部分の面積の和は,
$8^2-7^2+6^2-5^2+4^2-3^2+2^2-1^2=8+7+6+5+4+3+2+1=36$,黒く見える部分の面積の和は,
$7^2-6^2+5^2-4^2+3^2-2^2+1^2=7+6+5+4+3+2+1=28$ である。

6 (1) $(16-2x)$ cm (2) $x=\dfrac{2}{5}$
解説 (1) AD=AC=8 であるから,DB=24$-$8=16
△ABC において,EF∥AC であるから,BF:BC=EF:AC=x:8
△CDB において,GF∥DB であるから,GF:DB=CF:CB=$(8-x)$:8
ゆえに,GF=$\dfrac{8-x}{8}$DB=$\dfrac{8-x}{8}\times 16$
(2) (1)より,EF=x のとき,GF=$16-2x$
また,BE:BA=BF:BC=x:8 であるから,BE=$\dfrac{x}{8}$BA=$\dfrac{x}{8}\times 24=3x$ より,
DE=$16-3x$ EF∥AC,AC⊥AB より,EF⊥DE
よって,$\dfrac{1}{2}\{(16-2x)+(16-3x)\}\times x=6$ $5x^2-32x+12=0$
これを解くと,$x=\dfrac{2}{5}$,6

7 (1) (x^2+6x) cm^2 (2) 2 cm
解説 (1) BD=x のとき,AB=$x+6$
(2) AB+BD=$2x+6$
AB+BD=AC より,(AB+BD)^2=AC^2=AB^2+BC^2 であるから,
$(2x+6)^2=(x+6)^2+(x+4)^2$ $x^2+2x-8=0$ これを解くと,$x=-4$,2

8 (1) $11\sqrt{3}$ cm^2 (2) $S=\dfrac{\sqrt{3}}{4}(11t^2-72t+144)$ (3) $t=\dfrac{28}{11}$,4,$\dfrac{30-2\sqrt{33}}{3}$
解説 (1) △ABC は 1 辺の長さが 12 cm の正三角形であるから,その面積は,
$\dfrac{1}{2}\times 12\times 6\sqrt{3}=36\sqrt{3}$(cm^2)である。
また,$t=2$ のとき,3 点 P,Q,R はそれぞれ辺 AB,BC,CA 上にあり,
AP=6,BQ=4,CR=2 であるから,△APR,△BQP,△CRQ と △ABC の面積の比は,それぞれ,
$\dfrac{△APR}{△ABC}=\dfrac{6\times 10}{12\times 12}=\dfrac{5}{12}$,$\dfrac{△BQP}{△BCA}=\dfrac{4\times 6}{12\times 12}=\dfrac{1}{6}$,$\dfrac{△CRQ}{△CAB}=\dfrac{2\times 8}{12\times 12}=\dfrac{1}{9}$
よって,△APR+△BQP+△CRQ=$\left(\dfrac{5}{12}+\dfrac{1}{6}+\dfrac{1}{9}\right)$△ABC=$\dfrac{25}{36}$△ABC
ゆえに,△PQR=$\left(1-\dfrac{25}{36}\right)$△ABC=$\dfrac{11}{36}\times 36\sqrt{3}$

(2) $0≦t≦4$ のとき，3点 P, Q, R はそれぞれ辺 AB, BC, CA 上にあり，
$AP=3t$, $BQ=2t$, $CR=t$ であるから，
$\dfrac{\triangle APR}{\triangle ABC}=\dfrac{3t(12-t)}{12\times12}$, $\dfrac{\triangle BQP}{\triangle BCA}=\dfrac{2t(12-3t)}{12\times12}$, $\dfrac{\triangle CRQ}{\triangle CAB}=\dfrac{t(12-2t)}{12\times12}$

ゆえに，$S=\left\{1-\dfrac{3t(12-t)+2t(12-3t)+t(12-2t)}{12\times12}\right\}\triangle ABC$

$=\dfrac{11t^2-72t+144}{144}\times36\sqrt{3}$

(3)(i) $0≦t≦4$ のとき，$\dfrac{\sqrt{3}}{4}(11t^2-72t+144)=8\sqrt{3}$ とすると，

$11t^2-72t+112=0$ これを解くと，$t=\dfrac{28}{11}$, 4

(ii) $4≦t≦6$ のとき，2点 P, Q は辺 BC 上，点 R は辺 CA 上にあり，$BP=3t-12$, $BQ=2t$ より，
$PQ=2t-(3t-12)=12-t$
また，$CR=t$ であるから，
$\triangle PQR=\dfrac{1}{2}\times(12-t)\times\dfrac{\sqrt{3}}{2}t=\dfrac{\sqrt{3}}{4}(12t-t^2)$

$\dfrac{\sqrt{3}}{4}(12t-t^2)=8\sqrt{3}$ より，$t^2-12t+32=0$

これを解くと，$t=4$, 8

(iii) $6≦t<8$ のとき，点 P は辺 BC 上，2点 Q, R は辺 CA 上にあり，$CQ=2t-12$, $CR=t$ より，
$QR=t-(2t-12)=12-t$
また，$PC=24-3t$ であるから，
$\triangle PQR=\dfrac{1}{2}\times(12-t)\times\dfrac{\sqrt{3}}{2}(24-3t)$

$=\dfrac{\sqrt{3}}{4}(3t^2-60t+288)$

$\dfrac{\sqrt{3}}{4}(3t^2-60t+288)=8\sqrt{3}$ とすると，$3t^2-60t+256=0$

これを解くと，$t=\dfrac{30\pm2\sqrt{33}}{3}$

9 (1) $y=-\dfrac{3}{5}x+6$, 12時6分 (2) $\dfrac{21}{5}$ km

解説 (1) 野球場を出発するバスの分速は，$6\div10=\dfrac{3}{5}$（km）であるから，12時に野球場を出発するバスの式は，$y=-\dfrac{3}{5}x+6$

また，駅を出発するバスの分速は，$6\div15=\dfrac{2}{5}$（km）であるから，12時に駅を出発するバスの式は，$y=\dfrac{2}{5}x$

$\dfrac{2}{5}x=-\dfrac{3}{5}x+6$ を解くと，$x=6$

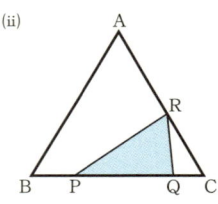

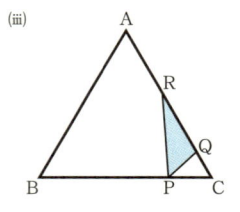

(2) 駅を出発するバス，野球場を出発するバスともに 15 分間隔で運行している。
駅から a km 離れた地点を，野球場を 12 時に出発したバス，駅を 12 時に出発したバス，野球場を 12 時 15 分に出発したバスが，この順に，同じ時間の間隔で通過したとする。
$-\dfrac{3}{5}x+6=a$，$\dfrac{2}{5}x=a$，$-\dfrac{3}{5}(x-15)+6=a$ （$3\leqq a<6$）を x について解くと，順に，$x=-\dfrac{5}{3}a+10$，$x=\dfrac{5}{2}a$，$x=-\dfrac{5}{3}a+25$ となる。
$\dfrac{5}{2}a-\left(-\dfrac{5}{3}a+10\right)=\left(-\dfrac{5}{3}a+25\right)-\dfrac{5}{2}a$ を解く。

10 (1) $\dfrac{5}{3}$ 秒後，原点から $\dfrac{25}{3}$ cm の位置

(2) 順に，原点から 27 cm の位置，原点から $\dfrac{121}{3}$ cm の位置

解説 (1) 点 P が出発してから t 秒後までの位置の変化の割合が $3t$（cm/秒）であるから，$\dfrac{(t\text{秒後の P の位置})-0}{t-0}=3t$ より，(t 秒後の P の位置)$=3t^2$
よって，点 Q が点 P にはじめて追い着かれるまで，出発してから t 秒後の点 P，Q の位置は，それぞれ $3t^2$，$2t+5$ である。
$3t^2=2t+5$ とすると，$3t^2-2t-5=0$　これを解くと，$t=-1, \dfrac{5}{3}$

(2) $\dfrac{5}{3}+\dfrac{2}{5}=\dfrac{31}{15}$ であるから，点 Q は出発してから $\dfrac{31}{15}$ 秒後に再び動き出す。
$t\geqq\dfrac{31}{15}$ のとき，出発してから t 秒後の点 Q の位置は $20\left(t-\dfrac{31}{15}\right)+\dfrac{25}{3}=20t-33$ である。
$3t^2=20t-33$ とすると，$3t^2-20t+33=0$　これを解くと，$t=3, \dfrac{11}{3}$

11 (1) $y=3x^2$　(2) $y=-6x+72$　(3) $\dfrac{36}{5}$ 秒後

解説 (1) $0<x\leqq4$ のとき，点 P は辺 AB 上，点 Q は辺 BC 上にあるから，
$y=\dfrac{1}{2}\times 3x\times 2x$

(2) $4\leqq x\leqq 6$ のとき，点 P，Q はともに辺 BC 上にあり，
PQ$=2x-(3x-12)=-x+12$ であるから，$y=\dfrac{1}{2}\times 12\times(-x+12)$

(3) $0<x\leqq 6$ のとき，AP$=$AQ となることはない。
$6\leqq x\leqq 8$ のとき，点 P は辺 BC 上，点 Q は辺 CD 上にあり，AP$=$AQ のとき，
BP$=$DQ であるから，$3x-12=24-2x$　ゆえに，$x=\dfrac{36}{5}$
$8\leqq x<12$ のとき，点 P，Q はともに辺 CD 上にあり，AP$=$AQ となることはない。

12 (1) $y=4x$（$0<x\leqq 8$）　(2) $y=\dfrac{12}{5}x+\dfrac{64}{5}$（$8\leqq x\leqq 13$）　(3) $x=\dfrac{21}{2}, \dfrac{31}{2}$

解説 (1) 点 P が辺 AB 上にあるとき，$0<x\leqq 8$ で，$y=\dfrac{1}{2}\times 8\times x$

(2) 点 P が辺 BC 上にあるとき，$8 \leq x \leq 13$ である。
点 C，P から線分 BD に下ろした垂線の足をそれぞれ H，Q とすると，△CBH，△PBQ は相似な直角三角形（∠CHB＝∠PQB＝90°）で，BC＝5，BH＝4 であるから，CH＝3

よって，$PQ = \frac{3}{5}BP = \frac{3}{5}(x-8)$ となり，$y = \frac{1}{2} \times 8 \times \{8 + \frac{3}{5}(x-8)\}$

(3) 五角形 ABCDE の面積は，$8^2 + \frac{1}{2} \times 8 \times 3 = 76$（cm²）であるから，その半分は 38 cm² である。

△PAE の面積が五角形 ABCDE の面積の半分になるのは，点 P が辺 BC 上，辺 CD 上にあるときである。

点 P が辺 BC 上にあるとき（$8 \leq x \leq 13$），$\frac{12}{5}x + \frac{64}{5} = 38$

点 P が辺 CD 上にあるとき（$13 \leq x \leq 18$），

$y = \frac{1}{2} \times 8 \times \{8 + \frac{3}{5}(18-x)\} = -\frac{12}{5}x + \frac{376}{5}$ より，$-\frac{12}{5}x + \frac{376}{5} = 38$

13 (1) $y=3$ (2) $y=2x-3$ (3) $(3+2\sqrt{6})$ 秒後

解説 (1) $x=3$ のとき，S は(1)の図のような直角三角形になるから，$y = \frac{1}{2} \times 3 \times 2$

(2) $3 \leq x \leq 6$ のとき，S は(2)の図のような台形になる。
辺 PR と辺 AB，DC との交点をそれぞれ L，M とすると，BR＝x であるから，CR＝$x-3$
△LBR，△MCR は △PQR と相似な直角三角形（∠LBR＝∠MCR＝∠PQR＝90°）であるから，

$BL = \frac{2}{3}x$, $CM = \frac{2}{3}(x-3)$

ゆえに，$y = \frac{1}{2} \times \{\frac{2}{3}(x-3) + \frac{2}{3}x\} \times 3$

(3) 点 Q が辺 BC 上を移動しているとき（$6 \leq x \leq 9$），S は(3)の図のような台形になる。

(2)より，$CM = \frac{2}{3}(x-3)$

また，PQ＝4，QC＝$6-(x-3)=9-x$

よって，$y = \frac{1}{2} \times \{\frac{2}{3}(x-3) + 4\} \times (9-x)$

$= -\frac{1}{3}x^2 + 2x + 9$

長方形 ABCD から S を除いた部分の面積が 14cm² のとき，$y = 3 \times 6 - 14 = 4$ であるから，$-\frac{1}{3}x^2 + 2x + 9 = 4$

$x^2 - 6x - 15 = 0$

これを解くと，$x = 3 \pm 2\sqrt{6}$

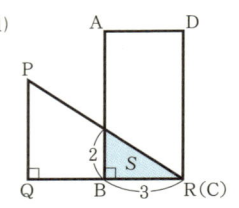

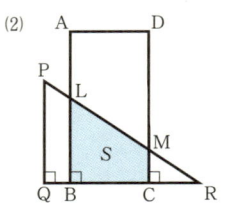

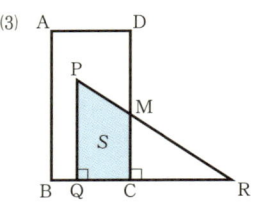